Lassaad Mdellel

Bioecologie de Pterochloroides persicae Cholodk en Tunisie

AF209443

Lassaad Mdellel

Bioecologie de Pterochloroides persicae Cholodk en Tunisie

Bioecologie de Pterochloroides persicae Cholodkovsky et potentiel biotique de de son parasitoïde Pauesia antennata

Presses Académiques Francophones

Imprint
Any brand names and product names mentioned in this book are subject to trademark, brand or patent protection and are trademarks or registered trademarks of their respective holders. The use of brand names, product names, common names, trade names, product descriptions etc. even without a particular marking in this work is in no way to be construed to mean that such names may be regarded as unrestricted in respect of trademark and brand protection legislation and could thus be used by anyone.

Cover image: www.ingimage.com

Publisher:
Presses Académiques Francophones
is a trademark of
International Book Market Service Ltd., member of OmniScriptum Publishing Group
17 Meldrum Street, Beau Bassin 71504, Mauritius

Printed at: see last page
ISBN: 978-3-8416-3347-7

Zugl. / Agréé par: Tunisie, Institut Supérieur Agronomique de Chott Mariem, Sousse, 2013

Copyright © Lassaad Mdellel
Copyright © 2015 International Book Market Service Ltd., member of OmniScriptum Publishing Group
All rights reserved. Beau Bassin 2015

Table des matières

2

3

4

6

Dédicaces

A mes parents et à mes deux sœurs pour leur amour,

leur soutien sans faille et à ceux qu'ils ont pu m'apporter pour

franchir les obstacles les plus difficiles. Leur amour me porte et

me guide tous les jours pour avoir fait de moi ce que je suis

aujourd'hui.

A tous mes proches

A Ala, Amani et Yassine

Remerciements

Au terme de ce travail, je souhaite adresser mes sincères remerciements à toutes les personnes qui ont contribué à sa réalisation et ont permis par leur soutien et leurs conseils, de le mener à bien.

Je tiens tout d'abord à remercier mon directeur de thèse Madame **Monia BEN HALIMA KAMEL**, Maitre des conférences à l'Institut Supérieur Agronomique de Chott Mariem, pour avoir accepté de diriger avec beaucoup d'attention et de soin cette thèse. Je la remercie de m'avoir toujours soutenu, d'avoir fait confiance à moi pendant mon Master et ces cinq années de thèse et de m'avoir offert la possibilité d'accéder à une formation scientifique aussi enrichissante. Je lui suis profondément reconnaissant de m'avoir donné tous les éléments nécessaires pour mener à bien ma thèse et être prêt un jour à accomplir ma mission de chercheur, pour son aide précieuse et ses conseils avisés. Je lui suis très reconnaissant pour sa disponibilité, sa bienveillance et son soutien permanent et d'avoir prêté un intérêt constant au sujet de la thèse. Je lui dois beaucoup pour le contenu du travail présenté, pour ses critiques constructives et son aide aux différentes entraves rencontrées et pour les précieuses corrections apportées à ce manuscrit.

Mes sincères remerciements s'adressent également à Monsieur **Brahim CHERMITI,** Professeur à l'Institut Supérieur Agronomique de Chott Mariem, pour avoir accepté de diriger et de suivre cette thèse durant les trois premières années ainsi que pour son soutien, sa disponibilité, son expérience et ses conseils tout au long de ce travail. Qu'il trouve ici toute ma gratitude et mes sincères remerciements d'avoir accepté la présidence du jury.

Je tiens à remercier très chaleureusement Monsieur **Mohamed Habib DHOUIBI,** Professeur à l'Institut National Agronomique de Tunis d'avoir bien voulu être rapporteur de ce travail. Ses critiques constructives ont beaucoup contribué à l'amélioration du manuscrit.

Mes vifs remerciements s'adressent aussi à Monsieur **Mohieddine KSANTINI,** directeur de recherche à l'Institut de l'Olivier de Sfax pour m'avoir fait l'honneur d'accepter d'être le rapporteur de cette thèse. Je lui exprime ma profonde gratitude pour les nombreuses discussions constructives que nous avons eues ensemble et qui ont contribué à l'amélioration de ce travail. Qu'il trouve ici l'expression de mon profond respect.

Je tiens à remercier aussi très chaleureusement Monsieur **Malik LAAMARI,** Professeur à l'institut des Sciences Vétérinaire et des Sciences Agronomique de Batna (Algérie) qui m'a fait l'honneur d'examiner ce travail et de faire partie de mon jury.

Le présent travail est le fruit d'une collaboration étroite avec de nombreux chercheurs et techniciens de différents laboratoires qu'il me tient à cœur de remercier, en particulier :

Je remercie le Professeur **David MARTINEZ TORRES,** responsable du laboratoire Génétique moléculaire à l'Institut Cavanilles de Biodiversitat i Biologia Evolutiva, Université Valence (Espagne) de m'avoir accueilli au sein de son équipe de recherche et d'avoir veillé à ce que mes travaux se fassent dans les meilleures conditions. Je lui exprime ma profonde gratitude et à travers lui, à l'ensemble de son équipe surtout **Mariano COLLENTOS, Mickael BARBERA** et le personnel de son laboratoire pour l'aide qu'ils m'ont apporté durant mon séjour en Espagne.

Mes remerciements les plus sincères s'adressent également à Monsieur **Mohamed BRAHEM,** Directeur de recherche à l'Institut de l'Olivier, Unité de Sousse pour m'avoir accueilli dans son laboratoire à plusieurs reprises.

J'aimerais aussi exprimer ma profonde reconnaissance et mes remerciements à Monsieur **Fathi BEN MARIEM,** ingénieur à l'Institut de l'Olivier de Sousse pour m'avoir accepté dans son laboratoire et pour m'avoir fourni le matériel nécessaire pour que mes travaux se fassent dans les meilleures conditions.

J'ai vraiment beaucoup de plaisir à associer à ce travail tous les membres des laboratoires chercheurs ou techniciens. Je voudrais en particulier remercier Monsieur **Ghazi KRIDA, Sassi SLAMA** et **Kaled ABBES** pour leurs conseils pertinents et avisés et Monsieur **Naceur MHAMDI** pour son aide précieuse en statistiques.

Je tiens également à remercier chaleureusement, **Jouda GUESMI JUINI, Bouthaina DOUH, Mohamed El-LIMEM, Khemais ABDELLAOUI, Hatem DOUS, Ahlem El-HARBI, Hajer REGAIEG, Lobna El-HAJJI, Abir El-HAFSI, Hatem KARBOUL, Sana ZOUARI** pour les aides qu'ils ne m'ont jamais refusées chaque fois que je les ai sollicitées.

Enfin, j'éprouve un très grand plaisir à témoigner m'a reconnaissance à l'égard des Monsieurs **Sami MOATAMRI, Tawfik MARWANI, Monji El-Mejri** et tous les membres de l'Institut Supérieur Agronomique de Chott Mariem pour l'aide qu'ils m'ont fournie pour la réalisation d'un travail dans le quel j'ai engagé beaucoup de temps, d'énergie et d'efforts.

9

Résumé

Ce travail a porté sur la bioécologie du puceron brun de pêcher *Pterochloroides persicae* Cholodovsky 1899 et le potentiel biotique de son parasitoïde *Pauesia antennata* Mukerji 1950. Pour mener à bien cette tâche, quatre aspects ont été étudiés. Le premier volet consiste à étudier la morphométrie de *P. persicae* et sa diversité génétique en fonction de sa répartition géographique et ses plantes hôtes. En effet, l'étude de la morphométrie des stades de développement a montré une croissance allométrique en fonction de l'âge et un nombre d'articles antennaires de 5 pour les deux premiers stades larvaires et de 6 pour les autres stades. Nos résultats ont montré que la morphométrie est légèrement affectée au cours de la dispersion de l'insecte d'un site géographique à un autre et d'une plante hôte à une autre. L'analyse de l'ADN mitochondrial de *P. persicae* sur différentes cultures et de divers sites géographiques a révélé la présence de deux haplotypes en Tunisie.

Le deuxième volet s'est intéressé à l'étude des particularités biologiques de *P. persicae* en Tunisie. Les résultats ont révélé la présence de l'aphide sur pêcher, amandier, prunier, abricotier et pommier. L'étude de ses particularités biologiques dans des conditions contrôlées a montré une durée du développement larvaire de 22,09 jours à 20±1°C, à une humidité relative de 70±10% et à une photopériode de 14 L: 10 O. Les données concernant les taux moyens relatifs d'accroissement et le temps de dédoublement d'une génération ont montré que le pêcher et la température de 20±1°C sont favorables à la multiplication de *P. persicae*. Sur pêcher conduit en irrigué, l'aphide a été observé sur les parties aériennes pendant l'hiver, le printemps et l'été et sur les racines en automne. Par contre, il a été signalé sur les parties aériennes des différentes *Prunus* cultivées en sec. L'analyse de l'effet de la poussée de sève et de la composition minérale a montré qu'un potentiel hydrique supérieur à (-7 bar) et une concentration d'azote supérieure à 0,50% sont nécessaires pour l'installation de l'aphide.

Le troisième volet porte sur la prospection et l'identification des ennemis naturels de *P. persicae* en Tunisie et l'évaluation de leurs efficacités. Les résultats ont montré la présence de *Coccinella algerica* Kovar 1977 (Coccinellidae), d'*Episyrphus balteatus* De Geer 1776 et de *Metasyrphus carollae* Fabricus 1794 (Syrphidae) et de *Chrysoperla carnea* Stephans 1836 (Chrysopidae) et deux champignons entomopathogènes *Beauvaria bassiana* et *Metacordyceps lianshanensis*. L'étude de l'efficacité prédatrice des larves de syrphes sur *P. persicae* a révélé une prédation journalière de 3 individus. *C. algerica*, est capable de consommer 30 individus durant la période de son développement larvaire alors que l'adulte consomme que 9,18 individus par jour.

Le quatrième volet de ce travail est une étude du potentiel biotique de *P. antennata*, parasitoïde spécifique de *P. persicae*. L'étude de son activité parasitaire a montré une durée de vie imaginale de l'adulte de 3,9 jours, une fécondité de 26,73, une durée moyenne de développement larvaire de 14,48 jours, un taux de parasitisme, d'émergence et un taux sexuel variable en fonction de la taille de la population aphidienne et l'importance numérique du parasitoïde.

L'ensemble des résultats est prometteur et incite à étudier la possibilité de l'élevage en masse de *P. antennata* ainsi que son utilisation en plein champ dans un programme de lutte biologique contre *P. persicae*.

Mots clés : Bio-écologie, *Pterochloroides persicae*, diversité génétique, Particularités biologiques, *Pauesia antennata,* Tunisie, *Prunus spp.*

Abstract

This works deals with the bioecology of the brown peach aphid *Pterochloroides persicae* Cholodovsky 1899 and the biotic potential of its parasitoid *Pauesia antennata* Mukerji 1950. Hence, four aspects have been investigated to carry out such a task. The first part is a *P. persicae* morphometric study and its genetic diversity in terms of its geographical distribution and host plants. Indeed, the morphometric study of different instars of aphid showed an allometric growth depending on the age and 5 antenna article for the two first instars and 6 for the other stages. Our results showed that morphometry is slightly affected during the dispersal of the insect from a geographical site to another and from a host plant to another. The analysis of the mitochondrial DNA of *P. persicae* on different host plants and various geographic sites revealed the presence of two haplotypes in Tunisia.

The second part focuses on the biological particularities of *P. persicae* in Tunisia. Results revealed the presence of the aphid on peach, almond, plum, apricot and apple. The study of its biological features in laboratory conditions showed that the larval development duration of *P. persicae* is about 22.09 days at $20 \pm 1°C$, a humidity rate up to $70 \pm 10\%$ and a photoperiod of 14L:10 D. Data concerning the mean relative growth rate and the generation mean doubling time revealed that peach and temperature of $20 \pm 1°C$ are favorable to *P. persicae* multiplication. As for irrigated peach, aphid was observed on the aerial parts during winter, spring and summer and on the roots in automn. However, it was observed on the aerial parts of different *Prunus* cultivated in dry conditions. The analysis of the effect of the phloem sap pressure and the sap mineral composition showed that the pest needs a pressure higher than (- 7 bar) and a nitrogen concentration more than 0, 50% which required to install aphid.

The third part deals with the prospecting and the identification of the natural enemies of *P. persicae* and evaluation of their efficiency. Results showed the presence of *Coccinella algerica* Kovar 1977 (*Coccinellidae*) of *Episyrphus balteatus* De Geer 1776 and *Metasyrphus carollae* Fabricus 1794 (*Syrphidae*) and *Chrysoperla carnea* Stephans 1836 (*Chrysopidae*), and two entomopathogenic fungi *Beauveria bassiana* and *Metacordyceps lianshanensis*.

E. balteatus and *M. carollae* instars predatory efficiency on *P. persicae* study showed a daily predation rate of three individuals. *C. algerica* is able to consume 30 individuals during its larval development period, whereas an adult consumes only 9.18 individuals per day.

The fourth part of this work is about biotic potential of *P. antennata* parasitoid. Parasitic activity study showed longevity of adult of 3.90 days, a fertility rate of 26.73, a larval development average of 14.48 days, a parasitism and emergence rate and sexual rate vary with aphid population size and numeric importance of parasitoid.

The overall results are promising and incite us to explore the possibility of *P. antennata* mass rearing of and also the possibility of its use in the field in a biological control program against *P. persicae*.

Keys words: Bioecology, *Pterochloroides persicae*, genetic diversity, biological parameters, *Pauesia antennata*, Tunisia, *Prunus spp*.

LISTE DES ABREVIATIONS

ADN : Acide désoxyribonucléique

RFLP : Restriction Fragment Length Polymorphism (polymorphisme de longueur des fragments de restriction)

AFLP : Amplification Fragment Length Polymorphism (Polymorphisme de longueur des fragments d'amplification)

RAPD: *Randomly Amplified Polymorphic DNA* (Amplification Aléatoire d'ADN Polymorphe)

PCR: *Polymerase Chain Reaction* (Réaction de Polymérisation en Chaîne)

ITS1: Internal Transcribed Spacers 1

ITS2: Internal Transcribed Spacers 2

COI: Cytochrome Oxydase I

COII: Cytochrome Oxydase II

COIII: Cytochrome OxydaseIII

ARN: Acide Ribonucléique

ADNmt: ADN mitochondrial

KOH: Hydoxyde de Potassium

K: Potassium

Na: Sodium

P: Phosphore

Ca: Calcium

TMRM : Taux Moyen Relatif de Multiplication

T: Temps spécifique de dédoublement de génération

PDA: Potato-Dextrose-Agar

Tp: Taux de parasitisme

Nhp: Nombre d'hôtes parasités

Nhd: Nombre d'hôtes disponibles

T: Thymine

C: Cytosine

G : Guanine

A : Adénine

ADNm: Acide désoxyribonucléique mitochondrial

ARNt: Acide Ribonucléotidique de Transfert

13

ARNr : Acide Ribonucléotidique ribosomal

LISTE DES FIGURES

LISTE DES TABLEAUX

Tableau 1 : Répartition et abondance des pucerons en fonction de la culture

Tableau 2. Informations sur les échantillons pris pour une étude de l'impact de la plante hôte sur la morphométrie de *P. persicae*

Tableau 3. Informations sur les échantillons collectés pour l'étude de l'impact géographique sur la morphométrie de *P. persicae*

Tableau 4. Informations sur les échantillons collectés pour l'analyse moléculaire

Tableau 5. Séquences des amorces utilisées en amplification d'ADN

Tableau 6. Informations sur les échantillons des pucerons utilisés dans la présente analyse

Tableau. 7: Cultures infestés en fonction de la répartition géographique et les dates approximatives d'apparition de *P. persicae*

Tableau 8: Durée de développement des stades larvaires et adultes aptères de *P. persicae* à 20°C et à 70% d'humidité relative

Tableau 9: Taux moyen relatif de multiplication (TMRM) et temps de dédoublement d'une génération (T) de *P. persicae* à différentes températures et sur fragments du genre *Prunus*

Tableau 10 : T.M.R.A et durée de développement du *P. persicae* sur différentes espèces fruitières

Tableau 11 : Températures moyennes approximatives dans les biotopes d'études

Tableau 12: Prospections de *P. persicae* dans différents biotopes de la Tunisie

Tableau 13 : Potentiel hydrique de différents hôtes de *P. persicae* à différentes dates de l'infestation

Tableau 14: Concentration d'Azote, de Potassium, de Sodium et de Calcium sur pêcher dans différents biotopes

Tableau 15 : Variation pondérale de *P. persicae* sur pêcher en fonction de la date d'infestation à Chott Mariem

17

Introduction générale

En Tunisie, l'arboriculture fruitière s'étale sur une superficie totale de 2,2 millions d'hectares dont 218000 hectares sont des Amygdalées (amandier, pêcher, prunier et abricotier) (DGPA, 2011). Ces amygdalées produisent environ 50 milles tonnes d'amandes (soit 3% de la production mondiale), 111 milles tonnes de pêche et 26,5 milles tonnes d'abricots (DGPA, 2011). Toutefois, cette production peut être améliorée par une bonne gestion des problèmes phytosanitaires. Ces problèmes sont causés par l'attaque de certains ravageurs dont particulièrement la mouche méditerranéenne des fruits *Ceratitis capitata* Wied (*Diptera, Tephritidae*) (Guerfali et *al*. 2007), le scolyte *Ruguloscolytus amygdali* Guérin-Méneville (*Coleoptera, Scolytidae*) (Jerraya, 2003) et surtout les pucerons (*Hemiptera, Aphididae*) (Ben Halima Kamel et Ben Hamouda, 1998). Ces derniers sont les plus redoutables et les plus dommageables. Parmi les espèces les plus répandues sur les amygdalées en Tunisie, nous citons : *Aphis spiraecola* Patch, *Aphis gossypii* Glover, *Brachycaudus amygdalinus* Schouteden, *Hyalopterus amygdali* Blanchard, *Brachycaudus helichrysi* Kaltenbach, *Hyalopterus pruni* Goeffroy, *Macrosiphum rosae* Thomas, *Myzus persicae* Sulzer et *Pterochloroides persicae* Cholodkovsky (Ben Halima Kamel et Ben Hamouda, 2005). Pour *P. persicae*, il a été rapporté en Tunisie en 1989 dans la région de Sfax (El Trigui et El Chérif, 1989). Il s'agit d'une espèce d'origine asiatique qui se trouve aujourd'hui un peu partout (Arménie, Chypre, Egypte, Géorgie, Inde, Iran, Israël, Italie, Kazakhstan, Liban, Pakistan, Romanie, Arabie Saoudite, Algérie, Maroc, Lybie, Turquie, Turkménistan, Serbie, Yémen, Grèce, Syrie, Espagne et en Amérique du Nord) (Stoetzel et Miller, 1998 et Nieto Nafria et *al.*, 2002). Ce puceron peut adapter son cycle de vie aux conditions écologiques des différentes zones géographiques ce qui lui augmente son potentiel biotique et augmente par conséquent sa nuisibilité (Kairo et Poswal, 1995 et Khan *et al.*, 1998). Il prélève la sève des troncs et des branches et affaiblit les plantes ce qui engendre des fruits de petit calibre et de forme et de couleur anormales. En Tunisie, au cours de ces dernières années, ce puceron a envahit les vergers des amygdalées au Nord et au Centre (Jerraya, 2003) et ses dégâts directs et indirects sont de plus en plus importants. Face à ce problème, une stratégie de lutte devrait être mise en place pour gérer ce ravageur. La mise en place de cette stratégie nécessite tout d'abord une étude de son polymorphisme et sa diversité génétique en fonction de différentes provenances et différentes plantes hôtes. Par ailleurs, la morphologique de ce phytophage peut être affectée par des facteurs environnementaux tels que les conditions climatiques et l'état physiologique de la plante hôte. Ceci a été démontré chez certaines espèces qui ont une variabilité intra-spécifique en liaison avec leur répartition géographique (Ortiz-Rivas et *al.*, 2009 et Hazell et *al.*, 2010).

Ensuite, toute stratégie de lutte nécessite une caractérisation des particularités biologiques de *P. persicae* dans les conditions environnementales tunisiennes. Cette caractérisation nécessite le suivi de sa répartition géographique dans le territoire tunisien, l'identification des plantes hôtes de ravageur, le suivi de sa dynamique et la détermination de son cycle de vie, l'étude de son potentiel biotique en fonction des plantes hôtes, des étages climatiques et le mode de conduite culturale et l'étude de l'influence du potentiel de sève et de la richesse en éléments minéraux essentiels sur la présence de l'aphide. Ces paramètres n'ont pas été encore étudiés en Tunisie. Il est important de signaler que le potentiel biotique de *P. persicae* en fonction des plantes hôtes a été étudié par Khan *et al.* (1998) au Pakistan. Aussi, en Egypte, Darwich *et al.,* (1989) ont étudié l'activité saisonnière de cet aphide sur ces plantes hôtes ainsi que son potentiel biotique.

De même, toute stratégie de lutte contre *P. persicae* nécessite d'une part une prospection du cortège des auxiliaires existants en Tunisie et l'évaluation de leur efficacité et l'introduction des autres ennemis spécifiques à ce puceron à partir de son pays d'origine d'autre part. Cette étape n'est pas encore réalisée en Tunisie.

Pour cela, en se fixant sur ces problématiques, nos objectifs expérimentaux tentent de :

- Apporter un complément fondamental d'informations relatives à la morphologie et la diversité génétique de *P. persicae* sur des cultures du pêcher, d'amandier, d'abricotier et du prunier en conditions climatiques et culturales différentes.

-Etudier le comportement de *P. persicae* en Tunisie en fonction de l'étage climatique, des plantes hôtes et de leurs modes de conduite.

- Mieux appréhender l'interaction entre la poussée de sève et la richesse en éléments minéraux essentiels et la présence de l'aphide.

- Identifier les ennemis naturels de ce puceron en Tunisie et évaluer leurs efficacités.

-Introduire *Pauesia antennata* Mukerji et étudier son potentiel biotique.

La première partie de cette thèse englobe un recueil bibliographique en rapport avec les pucerons et spécialement *P. persicae* pour une meilleure compréhension de la bioécologie de cet insecte. La deuxième partie contient les travaux présentés sous forme de quatre chapitres.

1) Morphométrie et diversité génétique de *P. persicae*.

2) Particularités biologiques de *P. persicae* en Tunisie.

3) Prospections des ennemis naturels de *P. persicae* et évaluation de leur efficacité.

4) Potentiel biotique de *Pauesia antennata* Mukerji 1950 parasitoïde spécifique de *P. persicae*

Synthèse bibliographique

1. Importance économique de l'arboriculture fruitière

La production mondiale des fruits est de l'ordre de 440 millions de tonnes (FAO, 2006). La Chine est le premier producteur avec environ 35%, suivie par l'Inde (10%) puis par l'Union Européenne (8,3%). Les statistiques montrent que les Etas Unis produisent 49% de la production mondiale d'amande surtout en Californie (FAO, 2004). Le pêcher et la nectarine sont essentiellement produits par la Chine qui fournit 44% de la production mondiale.

En Tunisie, l'arboriculture fruitière occupe une superficie totale de 2,2 millions d'hectares (DGPA, 2011) dont plus de 84% sont cultivés en oliviers (1685000 ha) avec environ 119384 hectares conduits en mode biologique (DGAB, 2011). En ce qui concerne les Amygdalées (amandier, pêcher, prunier et abricotier), ils s'étendent sur une superficie de 218000 hectares dont 5857,210 hectares en mode biologique (DGPA, 2011, DGAB, 2011). En effet, la production tunisienne représente 50 milles tonnes d'amandes (soit 3% de la production mondiale), 11 milles tonnes de pêche et 26,5 milles tonnes d'abricots. De point de vue répartition géographique, les vergers d'amandier se concentrent au centre et au sud du pays notamment à Sfax, Sidi Bouzid et Sbeitla. Pour le pêcher, plus de 54% des superficies emblavées par cette culture se situent au nord de la Tunisie, 39% au centre et uniquement 7 % au sud. Toutefois, les vergers d'abricotier, sont essentiellement situés au centre du pays (74%).

2. Problématiques phytosanitaires des Amygdalées en Tunisie

Le pêcher, l'amandier, l'abricotier et le prunier sont sujets aux diverses maladies dont le Crown-gall (ou tumeur bactérienne du collet ou des racines) causé par *Agrobacterium tumefaciens*, l'anthracnose engendrée par *Gloeosporium amygdalinum*, le chancre à fusicoccum causé par *Fusicoccum amygdali* et la moniliose due à *Monilia laxa* (Trigui, 1984). Ils ne sont pas non plus épargnés des attaques de certains ravageurs (Jerraya, 2003). A ce titre, on cite particulièrement la mouche méditerranéenne des fruits *Ceratitis capitata* Wied (Diptera, Tephritidae) nuisible aux abricots et aux pêches des variétés semi-tardives et tardives (El-Trigui *et al.*, 1989 ; Jerraya, 2003 ; Guerfali *et al.* 2007), le scolyte *Ruguloscolytus amygdali* Guérin-Méneville (Coleoptera, Scolytidae) (Jerraya, 2003) qui est présent dans les plantations fruitières du centre et du sud de la Tunisie et les pucerons (Hemiptera, Aphididae) représentés par diverses espèces (Ben Halima Kamel et Ben

22

Hamouda, 2005). Ces auteurs ont pu identifier 9 espèces aphidiennes au niveau des arbres fruitiers à noyaux. Il s'agit d'*Aphis spiraecola* Patch, d'*Aphis gossypii* Glover, de *Brachycaudus amygdalinus* Schouteden, d'*Hyalopterus amygdali* Blanchard, de *Brachycaudus helichrysi* Kaltenbach, d'*Hyalopterus pruni* Goeffroy, de *Macrosiphum rosae* Thomas, de *Myzus persiace* Sulzer et de *Pterochloroides persicae* Cholodkovsky. Ben Halima Kamel et Ben Hamouda (2005) et Ben Halima Kamel (2012) ont montré que la répartition de ces espèces aphidiennes dépend de la culture (Tableau, 1).

Tableau 1 : Répartition et abondance des pucerons en fonction de la culture

Culture	Puceron	Abondance
Abricotier	*Pterochloroides persicae* Cholodkovsky 1899	*
(***Prunus armeniaca***)	*Rhopalosiphum nymphaeae* Linnaeus 1761	*
Amandier	*Aphis gossypii* Glover 1877	*
(***Prunus amygdalis***)	*Aphis spirecola* Patch 1914	*
	Brachycaudus amygdalinus Shouteden 1905	*
	Brachycaudus helichrysi Kaltenbach 1843	**
	Hyalopterus amygdali Blanchard 1840	***
	Hyalopterus pruni Geoffroy 1762	*
	Macrosiphum rosae Linnaeus 1758	*
	P. persicae	***
	Macrosiphum euphorbiae Thomas 1877	*
Pêcher	*H. amygdali,*	*
(***Prunus persica***)	*H. pruni,*	***
	Myzus persicae Sulzer 1776	***
	P. persicae	***
	Brachycaudus persicae Passerini 1860	*
Prunier	*Brachycaudus prunicola* Kaltenbach 1843	*
(***Prunus domestica***)	*P. persicae*	***

(* espèce rare, ** peu dominante, *** dominante) (Ben Halima Kamel et Ben Hamouda, 2005, Ben Halima Kamel, 2012)

3. Importance économiques des pucerons

Dinant et *al.* (2010) ont mentionné que les pucerons sont responsables des perturbations physiologiques et métaboliques qui sont à l'origine des dégâts directs liés à leur prise de nourriture, à l'effet irritant des piqures, à l'action toxique de la salive et des dégâts indirects dus à l'excrétion du miellat et à la transmission des maladies virales (Leclant, 1981). Les pucerons se nourrissent exclusivement aux dépens des plantes et possèdent un système buccal de type piqueur suceur composé de stylets perforants, longs et souples coulissant dans un rostre. Les stylets permettent aux pucerons d'effectuer des piqures dans les plantes et d'atteindre les faisceaux cribro-vasculaires du phloème, transporteurs de la sève élaborée (Sauvion, 1995). En effet, cette sève contient des produits de la photosynthèse tels que les acides aminés, les protéines, les ions, les acides ribonucleotidiques messagers et les molécules de signalisation, notamment les hormones et les peptides (Fraval, 2006). Ce comportement alimentaire provoque des déformations et des enroulements foliaires, un jaunissement des feuilles, des boursouflures et des crispations (Miles, 1989). D'autres réactions s'observent telles que l'altération de la croissance des tissus, l'affaiblissement de la plante, le dessèchement des rameaux et l'apparition des chancres. Varn (1987) a démontré que *Dysaphis plantaginea* Passerini réduit respectivement la photosynthèse et la teneur des feuilles en chlorophylle de 25 à 50%. En outre, la salive injectée lors des piqures de *D. plantaginea* provoque l'apparition des pseudo-galles sur les jeunes branches du pommier (Forrest et Dixon, 1975 et Forrest, 1987). Egalement, une diminution de la vigueur de la plante, un avortement des fleurs, une diminution de la floraison l'année suivante, une déformation des fruits, une réduction de la valeur commerciale, une perte de rendements peuvent être observés à la suite des infestations des pommiers et des pêchers par *D. plantaginea* et *M. persicae* respectivement (Harvey *et al.,* 2003; Blommers et *al.,* 2004; Graf et *al.,* 2006). Les pertes se chiffrent à plusieurs tonnes par hectare chez les espèces polyphages telles que *A. gossypii* et *A. fabae* (Bouchery, 1987). Par ailleurs, les produits non assimilés ou transformés, secrétés par les pucerons sous forme de miellat, agissent directement en occultant les stomates, ou provoquent à la surface des feuilles un effet osmotique de nature à créer un appel d'eau à travers la membrane semi-perméable constituée par l'épiderme de la feuille. Dans ce dernier cas, le miellat constitue un drain dessicant très actif et provoque la mortalité rapide de la plante (Comeau, 1992 et Sauvion, 1995). De plus, le miellat constitue un milieu favorable au développement des champignons saprophytes, agents

24

de fumagines. Ces derniers forment en conditions humides, un enduit noir superficiel, parfois très abondant qui entrave la respiration, la photosynthèse et déprécie la qualité des productions (Sauvion, 1995 et Angeli et Simoni, 2006). Les pucerons sont aussi responsables de la transmission des viroses aux plantes (Leclant, 1981 et Lecocq, 1996). En effet, la virose a été définie par Lecocq (1996) comme étant une maladie généralisée et incurable qui freine le développement, réduit le rendement et altère l'aspect des végétaux. Les virus sont des parasites endo-cellulaires obligatoires dont la pérennité dépend bien de leur capacité de se répliquer au sein d'une cellule hôte. La maladie virale se manifeste par une décoloration des feuilles et des fleurs ainsi que des déformations et des nécroses. Les aphides possèdent de nombreuses caractéristiques morphologiques et biologiques qui en font des vecteurs redoutables de virus, notamment la structure des pièces buccales, le mode d'alimentation, la faculté de dissémination et le potentiel de multiplication (Sylvester, 1980). Ils peuvent prélever des virus pendant les piqures d'essai ou pendant les piqures d'alimentation. Ces virus et leurs modes de transmissions sont spécifiques au type de piqure (Lecocq, 1996). La transmission comprend au moins deux phases successives, la première correspond à l'infection du puceron par l'agent causal de la maladie, il se charge en virus à partir d'une plante malade (repas d'acquisition) (Gray et al., 2007). La deuxième est liée à l'inoculation lorsque l'individu virulifère devient infectieux, s'alimente sur une plante saine et lui transmet la maladie (Bouchery, 1987). Entre ces deux phases s'intercale, une phase d'incubation ou de latence, dans le cas des virus persistants (Leclant, 1981). Le mode de transmission des virus est basé sur trois modalités à savoir la durée de rétention du pathogène par le vecteur (virus persistant, semi persistant et non persistant), le site de rétention du pathogène (virus de stylets, virus circulant) et le trajet effectué par ce dernier au sein du vecteur (virus circulant, virus non circulant) (Nault, 1997).

1.4. Caractéristiques taxonomiques et morphologiques des pucerons

Les pucerons sont des Insecta, Pterygota, Hemiptera, Sternorrhyncha. Ils appartiennent à la super famille des Aphidoidea formée par 3 familles différentes : les Adelgidae, les Phylloxeridae et les Aphididae (Nieto Nafria et Mier Durante, 1998 et Blakman et Eastop, 2000). Cette dernière famille est subdivisée en 8 sous familles: les Aphidinae, les Eriosomatinae, les Hormaphidinae, les Anoeciinae, les Calaphidinae, les Chaitophorinae, les Greenideinae et les Lachninae (Nieto Nafria et Mier Durante, 1998 et Blackman et Eastop, 2000 et 2006). Les pucerons forment un groupe très polymorphe de plus de 4700 espèces dans le monde (Remaudière et Remaudière, 1997 et Blackman et Eastop, 2006). Environ 450 espèces sont identifiées sur les plantes cultivées (Blackman et Eastop, 2000) dont une centaine est connue par son importance économique (Blackman et Eastop, 2006). Le premier catalogue des pucerons a été établi par Wilson et Vickerey (1918). Il a été suivi par celui de Patch (1938), d'Eastop et Hille Ris Lambers (1976) et du Blackman et Eastop (1984). Egalement, plusieurs autres catalogues géographiquement limités ont été publiés, comme ceux de Mimeur (1942) en Afrique du Nord, de Bôrner (1952) pour l'Europe Centrale, de Smith et Parron (1978) pour le Canada et les Etats Unis, de Smith et Cermili (1979) pour l'Amérique Centrale et l'Amérique du Sud et de Millar (1994) pour l'Afrique Sud-Saharienne. Les pucerons sont des insectes de petite taille de 0.5 à 7 mm de longueur (Blackman et Eastop, 1984) et présentent un aspect trapu (Roth, 1968). Leur corps est mou, le plus souvent globuleux, ovale, aplati et avec des colorations variables.

Les représentants de la famille des Adelgidae sont dépourvus de cornicules, organes d'excrétion de phéromones d'alarmes (Borror et *al.*, 1989), portés chez certains aphides par le cinquième segment abdominal. Ils sont également connus par des femelles qui sont toutes ovipares, possédant un oviposteur. L'antenne des ailés est composée de 5 segments avec en général 3 sensoria primaires, Les pucerons faisant partie de cette famille sont observés sur des plantes du genre *Picea* (hôtes primaires) et des Conifères (hôtes secondaires). Les Phylloxeridae sont aussi dépourvus de cornicules et présentent des femelles ovipares alors que les ailés ont des antennes composées de 3 articles avec 2 sensoria primaires et des ailes horizontales au repos. Concernant les Aphididae, ils sont munis d'une paire de cornicules et d'une cauda servant à l'épandage du miellat (Blackman et Eastop, 1984). La cauda peut être arrondie, triangulaire ou linguiforme et portant ou non des soies (Blackman et Eastop, 1984). Les Aphididae se caractérisent également par des antennes de 5 à 6 articles, dont la longueur par rapport à celle du corps est variable (Blackman et Eastop, 2000). Les antennes sont insérées directement sur le tubercule frontal et portent des organes sensoriels particuliers appelés rhinaries ou sensoria, de forme généralement circulaire, mais parfois irrégulière. Les sensoria primaires sont situées sur le 5ème et le 6ème article, alors que les sensoria secondaires, qui n'apparaissent que chez les ailés, se situent au niveau du 3ème, 4ème et parfois même le 5ème article et sont de petite taille (Miyazaki, 1987). La partie distale du dernier article antennaire est amincie et dénommée *processus terminalis* (Blackman et Eastop, 1984 et 2000 et Nieto Nafria et Mier Durante, 1998). Les pucerons ailés portent deux paires d'ailes étendues, uniformément membraneuses, inégales, hétéroneures, repliées en toit le long du corps et dépassant généralement la longueur du corps au repos. Chez les Aphididae, la nervation alaire est assez complexe. En effet, elle est réduite au niveau de l'aile antérieure et présente un épaississement dû à la fusion des costales, subcostales, radiales et cubitales (Roth, 1968). L'aile postérieure a une nervation plus réduite avec présence d'un crochet de coaptation sur la costale (Miyazaki, 1987). Les tarses des pattes sont caractérisés par deux articles inégaux qui sont partiellement ou complètement fusionnés voire même atrophiés chez quelques espèces (Miyazaki, 1987). Ils se prolongent par deux griffes permettant aux pucerons de se déplacer sans glisser (Miyazaki, 1987). Chez les femelles ovipares des Aphididae, les tibias postérieurs sont généralement renflés et portent un nombre variable de pseudo-sensoria selon les espèces (Blackman et Eastop, 1984).

4.1. Présentation de la famille des Aphididae Cette famille comprend 8 sous familles: les Aphidinae, les Eriosomatinae, les Hormaphidinae, les Anoeciinae, les Calaphidinae, les Chaitophorinae, les Greenideinae et les Lachninae (Blackman et Eastop, 1984, 2000 et 2006). Chacune de ces familles a un ensemble de particularités morphologiques et biologiques permettant sa détermination. Les critères d'identification tiennent en considération la taille du corps de l'insecte, le nombre d'articles antennaires, le développement du fouet ou processus terminal, le type des sensoria et l'absence ou la présence des cornicules. De même, les relations plantes hôtes et insecte sont d'intérêt capital pour la détermination de ces familles. Ces critères d'identification ont mené Heie (1987) à proposer la phylogénie des Aphididae (Fig. 1 a). Cinq ans plus tard, Wojciechowski (1992) a proposé une nouvelle phylogénie de la même famille (Fig. 1 b). Ces auteurs ont pu décrire des taxons qui sont pour certaines espèces toujours valide, d'autres ont été redéfinis suite à l'observation des variations morphologiques importantes des individus entre les populations réparties sur de grande échelle géographique.

En effet, les Lachninae dont fait partie *P. persicae* ont des antennes composées de 6 articles, avec un fouet très court. Les sensoria secondaires sont arrondies à ovales. Les cornicules peuvent être larges coniques, poilues, sous formes d'anneaux sclérifiées ou absentes. La cauda est largement arrondie. Le cycle de vie est typiquement annuel sans alternance d'hôte et se réalise surtout sur différentes plantes ligneuses et sur les racines.

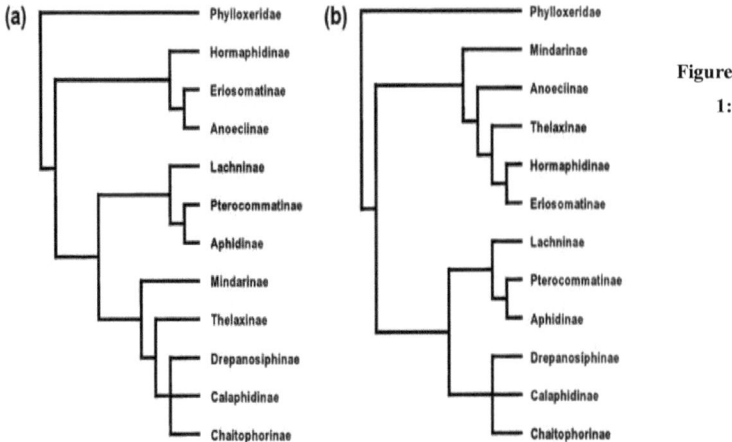

Phylogénie des pucerons basés sur les caractères morphologiques proposés par Heie (1987)
(a) et Wojciechowski (1992) (b)

4.2. Critères d'identification des pucerons

L'identification des espèces des pucerons repose essentiellement sur les critères
morphologiques et biologiques des adultes aptères et ailés (Hullé et *al.*, 2011). La figure (2)
schématise les principaux caractères morphologiques déterminant l'espèce aphidienne qui
sont: la taille et la forme du corps du puceron, la segmentation du corps, les antennes, la
pigmentation de l'abdomen, les cornicules et la cauda. La longueur de l'insecte se mesure à
partir du centre du front jusqu'à l'extrémité de l'abdomen sans compter la cauda (Blackman et
Eastop, 2000). Quant aux antennes, elles sont généralement formées de 5 à 6 articles dont le
dernier comprend une partie renflée (la base) et une partie plus fine souvent plus longue
(processus terminalis). Certains articles antennaires possèdent des rhinaries dont le nombre et
la forme constituent aussi un critère systématique. Ces antennes sont soit insérées directement
sur le front soit sur des protubérances appelées tubercules frontaux (Mayazaki, 1987 et Hullé
et *al.*, 2011). Le thorax est composé de trois segments et porte trois paires de pattes qui se
terminent par les tarses à deux articles, le dernier est pourvu d'une paire de griffe. Sur la
troisième paire de patte, la femelle porte des pseudosensoria distribués selon un motif régulier
(Leclant, 1999). Chez l'ailé, le thorax porte deux paires d'ailes membraneuses repliées

verticalement au repos dont la nervation est caractéristique de l'espèce (Hullé et *al.*, 2011). L'abdomen comporte huit segments dont la cinquième porte une paire de cornicules et le dernier est transformé en cauda. La pigmentation de l'abdomen est sous forme des stries, des bandes, des plaques ou des sclérites (Mayazaki, 1987 et Blackman et Eastop, 2006). Les cornicules et la cauda ont une longueur et une forme variable et jouent un rôle important dans l'identification des espèces (Borror et *al.*, 1989). D'ailleurs, le nombre de soie est aussi déterminant.

Ces variations morphologiques sont souvent à l'origine d'une difficulté de détermination des espèces. Face à ces problèmes, l'utilisation des nouveaux outils et techniques devient une nécessité. En effet, l'intégration des analyses moléculaires récentes par utilisation des marqueurs moléculaires a révolutionné l'étude de ces groupes (Alvarez et *al.*, 2005).

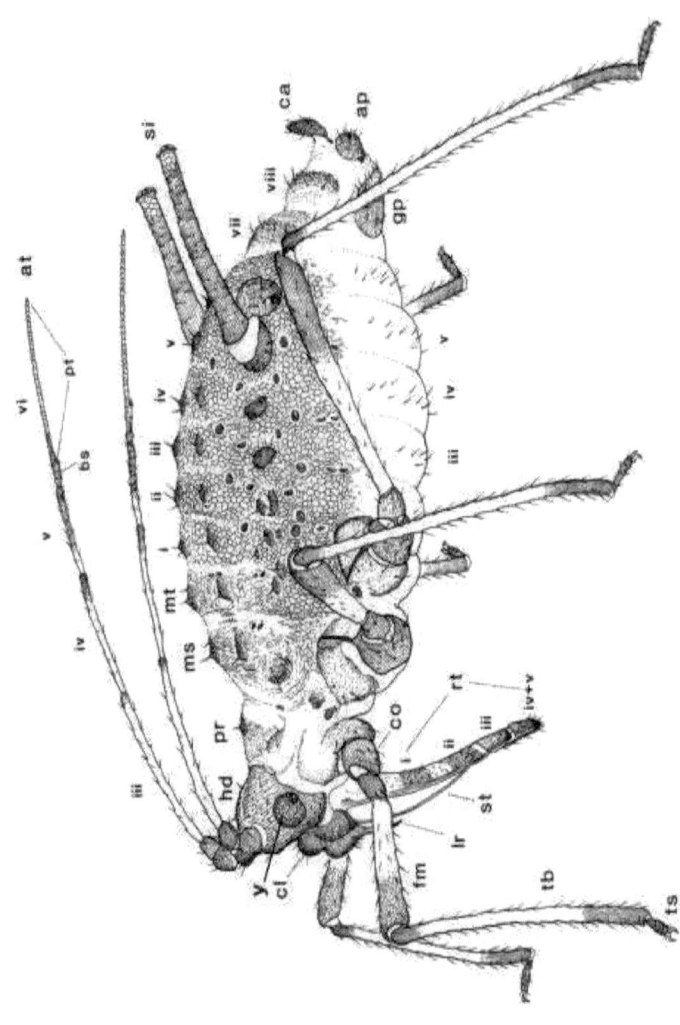

Figure 2 : Schéma de l'anatomie d'un puceron (Miyazaki, 1987): La tête (t), une paire d'antennes (at), une paire d'yeux composés (y), rostre (rt), les stylets (st), (ms) mésothorax, (mt) métathorax, (pr) prothorax, coxa (co), fémur (fm), tibia (tb), tarse (ts), une paire de cornicules (c), cauda (ca), la plaque anale (ap), la plaque génitale (gp), base (bs) ; clypeus (cl), labre (lr) ; processus terminalis (pt).

5. Identification moléculaire des espèces de puceron

L'identification des espèces des insectes en se basant sur la biologie moléculaire et la génétique offrent des nouveaux outils qui répondent à diverses questions allant de la description de nouvelles espèces à l'étude des flux des gènes entre les populations (Roderick, 1996). Les analyses moléculaires intéressent la résolution des phytogéographies (Hewitt, 2004), la résistance aux insecticides (Behura, 2006), la structure des populations (Cavalli-Sforza, 1998), la diversité écologique et taxonomique des insectes (Smith et Wayne, 1996 et Symondson et Liddell, 1996), l'identification des espèces et des sexes, la phylogénie, l'écologie comportementale et l'écologie des populations et des communautés (Behura, 2006). L'étude de la diversification des espèces des insectes s'est basée sur l'utilisation de divers marqueurs moléculaires qui entrevoit la molécule à l'origine de cette diversité (Cavalli-Sforza, 1998).

5.1. Principaux types de marqueurs moléculaires appliqués en entomologie

Les marqueurs moléculaires sont des fragments d'ADN qui servent de repères pour suivre la transmission d'un segment de chromosome d'une génération à l'autre (Boichard et al., 1998). Ces marqueurs renseignent sur le génotype de l'individu qui le porte et correspond à un polymorphisme révélé au niveau de l'ADN (Najimi et al., 2003). Ce sont des indicateurs de variabilité génétique permettant d'identifier le polymorphisme entre famille, genres, espèces, populations et même entre individus. Najimi et al. (2003) ont prouvé qu'un bon marqueur doit être hérédité, simple, multi-allélique et co-dominant. Il peut être protéique ou nucléotidique (Simondson et Liddell, 1996).

5.1.1. Les enzymes protéiques

L'électrophorèse appliquée aux protéines enzymatiques permet de séparer les molécules chargées en solution sous l'action d'un champ électrique (Agnèse, 1995). C'est la première technique moléculaire utilisée depuis l'apparition du gel d'amidon avec la visualisation histochimique des enzymes sur gels. Elle consiste en premiers lieu à broyer une petite quantité d'un tissu particulier et déposer une goutte d'extrait protéique sur une plaque de gel imbibé dans une solution d'électrolytes. Ensuite, un champ électrique s'établie dans lequel chaque protéine se déplace avec une vitesse proportionnelle entre la charge et sa taille moléculaire. Ceci prend après un temps défini de migration. Le gel est mis en contact avec un produit pouvant servir de substrat à une réaction enzymatique donnant un produit coloré. On observera une bande à l'endroit où se sont fixées les molécules de l'enzyme correspondante pour les individus homozygotes ou plusieurs bandes pour les individus hétérozygotes. Cette technique mesure la variabilité génétique par l'estimation de la proportion moyenne des gènes polymorphes chez les insectes, le cas des drosophiles où la proportion des gènes polymorphes varie largement entre les espèces (30 à 56%) (Hartl et Clark, 1997). Cette technique permet aussi la mesure de la divergence génétique par estimation des distances génétiques entre population ou taxon. Cependant, Richardson et *al.,* (1986) ont révélé que cette technique ne permet pas la résolution des marqueurs iso-enzymatiques et le degré de polymorphisme ne révèle pas toute la substitution d'acides aminés ou la détection les allèles nuls. Les auteurs prouvent que seuls les allèles les plus fréquents sont facilement identifiés à un locus, les autres, plus rares, seront difficilement révélés du fait de leur fréquence très faible. La variabilité génétique observée n'est que l'expression phénotypique des enzymes étudiées. Ainsi, la variabilité moléculaire estimée à l'aide des protéines enzymatiques est faible et ne dépasse pas le un sixième.

5.1.2. Les marqueurs moléculaires nucléotidiques

Ces marqueurs peuvent être des fragments d'ADN ou des séquences nucléotidiques qui de types mitochondriaux ou nucléaires (Avise, 1994). Chacun de ces compartiments génomiques comporte des gènes avec leurs fragments codants (exons) et non codants (introns) qui dominent dans le génome nucléaire alors qu'ils sont très réduits dans le génome cytoplasmique. Ces marqueurs donnent directement accès à l'information du génome qui est la source fondamentale de la variabilité génétique se situe au niveau de l'ADN (Hartl et Clark, 1997). En effet, la mise au point des techniques d'hybridation moléculaire, d'amplification et de digestion moléculaire des fragments d'ADN et de séquençage a ouvert la voie à l'exploitation des marqueurs nucléotidiques. Ces approches méthodologiques et analytiques ont permis la mise en évidence du polymorphisme nucléotidique existant au sein des différents génomes (nucléaire, mitochondrial et chloroplastique) et des populations constituant une espèce. Pour accéder à l'information génétique, une hybridation de l'ADN est une nécessité et constitue le principe de biologie moléculaire basé sur les propriétés d'appariement des bases complémentaires d'acide nucléotidique. Celle-ci était utilisée pour établir les relations évolutives entre les organismes vivants. En effet, l'ADN natif ou non dénaturé est constitué de deux molécules (chaines) associées par des liaisons non covalentes. Ces deux chaines sont complémentaires et antiparallèles. En effet, le chauffage entre 50°C et 100°C provoque la rupture des liaisons hydrogènes et par conséquent la séparation des deux chaines. Les molécules d'ADN provenant de deux différentes espèces peuvent être combinées, dénaturées et réassociées ou hybridées. Le polymorphisme obtenu résulte simplement des différences de la température observée (dues au pourcentage en Guanine-Cytosine reliées par trois liaisons hydrogènes) au sein des fragments d'ADN formés après leurs hybridations en double brin pour des fragments d'ADN et pour des séquences provenant de deux ou plusieurs espèces. Avise (1994) a stipulé que les approches d'hybridation DNA-DNA ont un effet sur la génétique moléculaire en révélant de nombreux aspects de l'organisation et de la structure génomique des organismes vivants comme l'importance des séquences répétées d'ADN, leur longueur et leur distribution avec les copies de séquences. Par la suite, la découverte des enzymes de restriction ou endonucléases de restriction, capables de cliver l'ADN au niveau des séquences spécifiques (Chartier, 1991), a donné une impulsion remarquable à la biologie moléculaire (Avise, 1994). Ces endonucléases sont capables de reconnaitre une très courte séquence d'ADN de 4 à 6 nucléotides, généralement en double brin et identique dans les deux sens de lecture. Après restriction, les fragments nucléotidiques obtenus peuvent être visualisés sur gel d'agarose au moyen de bromure d'éthidium. Ces endonucléases ont ouvert la voie au point des marqueurs moléculaires tels que les RFLP[1] développées par Botstein et *al.,* (1980) in Najimi *et al.,* (2003) et qui repose sur la mise en évidence de la variabilité de la séquence nucléotidique de l'ADN génomique après digestion par ces enzymes et les AFLP[2] utilisés dans les études récentes des populations des insectes. Pour les RFLP, AFLP et RAPD[3], la très faible quantité d'ADN nécessaire à la réaction de PCR rend possible l'analyse individuelle d'insectes de très petite taille voire d'un fragment d'insecte ou un stade immature (Harry et *al.,* 1998). En effet, Zraket et *al.,*(1990) ont prouvé que l'utilisation de la RFLP a permis l'établissement de la cartographie du génome des noctuelles du genre *Heliothis,* l'étude de la génétique des populations de la noctuelle légionnaire de l'automne *Spodoptera frugiperda* Smith (Lepidoptera, Noctuidae) et du complexe d'espèces *Thaumetopoea pityocampa* Wilkinsoni (Lepidoptera, Thaumetopoeidae) (Salvato et *al.,* 2002). Dans certaines études actuelles, ces marqueurs sont utilisés pour la détermination de la structure génétique des populations et de patron biogéographique des insectes (Carisio et *al.,* 2004, Timmermans et *al.,* 2005) ou pour l'établissement de la corrélation entre la structure génétique d'un insecte phytophage et sa distribution sur ses plantes hôtes (Sword et *al.,* 2005). Avec la méthode RAPD, Simon et *al.,* (1994) ont montré que l'identification et la caractérisation d'amorces universelles nucléaires et mitochondriales ont permis d'inférer les informations portées par l'ADN. Cette méthode, contrairement à une PCR classique, une seule amorce non spécifique (et non deux spécifiques) est utilisée. Cette amorce présente une séquence nucléotidique aléatoire de taille standardisée, généralement à 10 nucléotides. En raison de sa petite taille, l'amorce a une grande probabilité de s'hybrider à des sites complémentaires proches les unes des autres et en orientation inversée sur l'ADN matriciel. Pour un génome donné, il peut y avoir un certain nombre de site d'hybridation pour cette amorce. A l'issue de la RAPD, un profil multi locus est obtenu. Les produits d'amplifications visualisés sur gel d'agarose en présence de bromure d'éthidium, varient en longueur et par la nature de leur séquence. Au sein d'une population, les mutations influencent les sites de fixation des amorces. Cela permet de mettre en évidence le haut niveau qui ne nécessite pas une connaissance préalable du génome étudié et qui repose sur l'emploi de basses températures d'hybridation (35 à 40°C). L'atout majeur des marqueurs RAPD est la rapidité avec la quelle il est possible de les révéler en grand nombre. L'ADN ciblé par la RAPD est essentiellement l'ADN nucléaire et notamment des régions répétitives. L'application de cette méthode a conduit à caractériser la variabilité génétique des populations ou des espèces d'insectes (Baumann et *al.*, 2003 et Al Barrak et *al.*, 2004). En effet, la diversité génétique pour *Aphis gossypii* Glover (Hemiptera, Aphididae) via la résistance aux insecticides a été démontrée (Thomas et *al.*, 2011) et pour *Acyrthosiphon pisum* Harris (Hemiptera, Aphididae) de diverses origines de France en étudiant leurs effets sur la résistance d'un cultivar de luzerne. De même, ces marqueurs moléculaires sont utilisés pour la diagnose des espèces d'insectes d'importance agronomique ou médicale, pour l'étude des systèmes de reproduction des espèces, de populations ou de clones d'insectes spécialistes ou présentant des cycles de reproduction complexes (Harry et *al.*, 1998). Toutefois, ces marqueurs présentent l'inconvénient d'être peu reproductibles du fait de la variation aléatoire des cycles d'amplification liées à la petite taille et à la spécificité imparfaite des amorces (Viard et *al.*, 1998 et Harry et *al.*, 1998).

5.1.3. Les séquences nucléotidiques

5.1.3.1. Séquences d'ADN

Le séquençage de l'ADN a permis la découverte et l'utilisation de nombreuses régions génomiques ayant des caractéristiques particulières et conduisant aux inférences sur les mécanismes évolutifs des espèces (Thuillet et *al.*, 2002). Les marqueurs nucléotidiques nucléaires (ITS1, ITS2, 18S, 28S, microsatellites) et mitochondriaux (COI, COII, COIII, Cytochrome b) sont utilisés pour des études phylogénétiques, démographiques, biogéographiques, phylogéographiques du règne animal (Bonhomme et *al.*, 2008). Ces analyses visent à reconstituer l'histoire évolutive des organismes étudiés et à établir les liens de parenté entre eux. Il s'agit d'une nouvelle révolution de la biologie moléculaire dont le champ d'application recouvre plusieurs disciplines de biologie fondamentale et appliquée. Il faut cependant rappeler que la plupart des marqueurs moléculaires sont apparus à la suite de la mise au point de la technique d'amplification d'ADN.

5.1.3.2. ADN mitochondrial

L'ADN mitochondrial (ADNmt) est constitué chez les insectes d'une succession de gènes codant entre autres pour des protéines, des ARN de transfert ou des ARN ribosomaux indispensables au bon fonctionnement cellulaires (Feng et *al.*, 2008). L'ADNmt est conservé et certains de ces gènes peuvent être amplifiés de manière universelle chez les insectes (Zhang et Hewitt, 1997). En effet, ces marqueurs sont fréquemment les plus utilisés chez les insectes (Hillis et *al.*, 1996). Les différentes parties du génome mitochondrial sont pris pour les études de systématique moléculaire chez les insectes avec des fréquences variables. D'autres ont fait l'objet de quelques études, comme par exemple, les gènes codant la sous unité III du cytochrome oxydase COIII, la NADH déshydrogénase et le Cytochrome b, la région de contrôle de l'ADN mitochondrial.

5.1.3.3. ADN nucléaire

L'ADN nucléaire des cellules eucaryotes se trouvant dans les chromosomes dont les régions codantes permettent l'expression des gènes dont les produits donnent des ARN ribosomiques ou des chaines polypeptidiques (Sezonlin, 2006). Il est à noter qu'il existe plusieurs gènes nucléaires en copies multiples. Ceci rend difficile leur utilisation dans les études moléculaires. La phylogénie d'un gène représente de façon certaine l'histoire généalogique particulière. Celle-ci peut différer entre espèces étant donné qu'elles ne sont pas toujours génétiquement liées entre elles et que d'autres forces évolutives, comme la dérive génétique et la sélection naturelle sont différentes d'un gène à un autre. Pour cette raison, plusieurs gènes non liés doivent être utilisés pour la reconstruction phylogénétique et justifient l'orientation de quelques systématiciens molécularistes s'orientent vers des marqueurs nucléaires pour compléter les données mitochondriales. Les gènes nucléaires les plus fréquemment utilisés pour la phyllogénie des Arthropodes sont: l'ARN ribosomique 28S, l'ARN ribosomique 18S, le facteur d'élongation EF1-α, le gène Wingles (Wg) (Brower et DeSalle, 1994). Dans certaines études isolées, quelques autres gènes nucléaires ont été étudiés tels que le gène de phosphoenolpyruvate carboxykinase (PepCK), le gène de dopacarboxylase (DDC), le gène de tektin (tektin) et le gène d'histone (H3). Dans certains cas, plusieurs gènes mitochondriaux et nucléaires se combinent et parfois s'associent aux caractères morphologiques afin d'examiner la contribution relative et à la fiabilité de chaque gène dans la compréhension de l'histoire évolutive de l'espèce ou du groupe taxonomique. Ces marqueurs nucléaires ont permis d'établir la phylogénie de l'histoire évolutive des espèces (Brower *et al.,* 2006), de préciser la position systématique, la biogéographie et parfois la phylogéographie des espèces proches avec inférence de leur histoire passée (Wahlberg *et al.,* 2005). A coté de RFLP, AFLP et EST (Expressed sequence Tag : petite séquence d'ADN servant de marqueurs de séquences exprimés), les microsatellites sont parmi les marqueurs nucléaires les plus couramment utilisés dans les études de la diversité génétique. Ils sont connus comme hypervariables avec un taux de substitution allant de 10^{-6} à 10^{-2} par kb (kilobase) (Harry, 2001) ce qui justifie leur utilisation au niveau intra-spécifique pour l'étude de la structure génétique et dans l'inférence des événements historiques qui se sont produits au sein des populations.

5.2. Résultats de l'application des marqueurs moléculaires en entomologie appliquée

En entomologie appliquée, l'application des outils moléculaires a permis l'obtention des informations sur la diversité et la structure générale de quelques insectes phytophages telles que la structure génétique de la mouche blanche *Bemisia tabaci* Gennadius (De Barro, 2005), la structure de la population du phratore de l'osier *Phyllodecta vulgatissima* L. et de *P. vitellinae* (Batley *et al.,* 2004), la variation génétique du dendroctone rouge de l'épinette *Dendroctonus valens* LeConte (Coléoptère, Scolytidae) en Chine (Cognato *et al.,* 2005), la structure de la population et l'histoire de colonisation de la mouche d'olive *Bractocera oleae* Glem (Diptera, Tephritidae). En ce qui concerne les pucerons, l'application de ces outils vise à connaitre la diversité spécifique et à comprendre son origine. L'étude de la diversité spécifique des Aphididae a été signalée par) Ortiz-Rivas et Martinez-Torres (2010) après analyses de la région codante du gène EF1α. Ceci a permis la représentation de l'arbre phylogénétique de plusieurs espèces de cette famille avec une présentation des principales sous familles. D'autres études basées sur l'ADN mitochondrial et ribosomal ont permis de suivre la complexité de cycle de vie, la spécificité des fondatrices et l'alternation des hôtes chez certains aphides (Von Dohlien et Moran, 2000). En plus, une étude comparative de différentes espèces des pucerons sur leurs hôtes primaires s'est réalisée comme les pucerons du soja et plusieurs espèces du genre *Aphis* sur leur hôte primaire *Rhamnus davurica* en Asie (Kim et *al.,* 2010). D'autres travaux ont touché la distribution démographique, le génotype en relation avec le cycle de vie et le climat pour les pucerons de la céréale *Sitobion avenae*

Fabricuis et *Rhopalosiphum padi* Linnaeus (van Emden et Harrington, 2007). Pareillement, Gagnon (2005) affirme que la reconnaissance du sexe chez les insectes de petite taille en se basant sur les critères morphologiques était toujours difficile et l'utilisation des marqueurs moléculaires parait une nécessité lorsqu'il s'agit des individus hybrides de morphologie semblable. De ce fait, Simon et Hebert (1995) et Simon et *al.* (1999) ont eu la possibilité d'employer ces marqueurs pour étudier la relation existante entre le mode de reproduction et les paramètres écologiques de *S. avenae* et *R. padi* et la mise en évidence de certaines gènes spécifiques au sexe. Dans le même contexte, la variabilité génétique en relation avec le cycle de vie a été menée par une analyse moléculaire comparative entre la forme sexuelle et asexuelle de *S. avenae* et a révélé un polymorphisme élevé des allèles avec une hétérozygotie faible pour les formes sexuées contrairement aux formes asexuées (Delmotte et Leterme, 2002). De même, Ramos et *al.*, (2003) ont identifié à partir des échantillons d'*A. pisum* élevés à une photopériode courte le gène, ApSDI-1 responsable à l'induction de la sexualité de cette espèce. En outre, Martinez–Torres et *al.*, (1996) ont pu analyser les formes anholocycliques, androcycliques et holocycliques de *R. padi* tout en utilisant les marqueurs mitochondriaux et ont montré que les anholocycliques et les androcycliques ont un ADN mitochondrial du type haplotype I contrairement aux holocycliques ayant des haplotypes de types hII , hIII et hIV. La différenciation des espèces au sein du même genre était possible aussi pour *S. avenae* et *Sitobion fragariae* Walker (Figueroa et *al.*, 1999). En plus, l'application de la biologie moléculaire a montré la diversité génétique de la plupart des espèces des pucerons comme dont *A. gossypii* (Gauffre, 2005 et Thomas et *al.*, 2011), la structure de la population et l'origine de la dispersion des aphides comme *A. pisum*, le comportement et la résistance aux insecticides dont la résistance de *M. persicae* au malathion (Damayanthi, 2005).

6. Particularités biologiques des pucerons

Les pucerons sont des insectes paurométaboles où les stades juvéniles ressemblent aux adultes, ont le même mode de vie, se nourrissent de la même manière et causent les mêmes types des dégâts (Dixon, 1985). Les larves se reconnaissent par leurs caractères juvéniles manifestant une tête large par rapport au corps, une cauda courte et arrondie, des antennes et des cornicules peu développées (Sauvion, 1995). Le développement larvaire nécessite généralement quatre mues pour atteindre le stade adulte aptère ou ailé (Fig. 3).

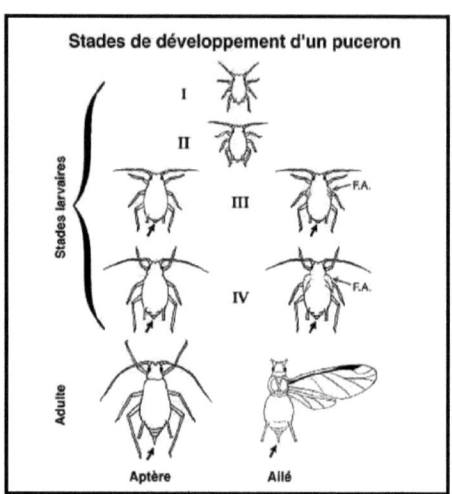

Figure 3 : Stades de développement d'un puceron (I: 1ᵉʳ stade larvaire, II : 2ᵉᵐᵉ stade larvaire, III : 3ᵉᵐᵉ stade larvaire, IV : 4ᵉᵐᵉ stade larvaire, FA : Fourreaux Alaires). (Godin et Boivin, 2002)

Quelques espèces nécessitent uniquement trois stades larvaires comme le cas d'*Essigella californica* Essig (Hemiptera, Lachninae) (Wharton *et al.*, 2004). D'ailleurs, les pucerons peuvent développer un nombre considérable de réponses adaptatives à l'hétérogénéité de l'environnement et ceci se reflète par le nombre important de types de cycles biologiques se déroulant en plusieurs étapes et qui peuvent évoluer d'une façon facultative ou obligatoire sur plusieurs plantes hôtes (Blackman et Eastop, 1984; Robert, 1988 et Sauvion, 1995). Chez les espèces dites anholocycliques, une reproduction par voie de parthénogenèse, sans intervention du mâle, tout au long de l'année ou les femelles aptères sont vivipares, donnent naissance directement à des larves qui accomplissent leur croissance en passant par divers stades pour atteindre l'âge adulte. Ce dernier est une femelle aptère ou ailée. Des générations vivipares peuvent se succéder sur des plantes de la même famille botanique. Il s'agit des pucerons monoéciques. Par contre, chez les espèces holocyclique dioéciques, la reproduction se fait par deux moyens (i) une reproduction parthénogénétique et (ii) une reproduction gonochorique avec accouplement (mâles et femelles) donnant des œufs hivernants. Les œufs fécondés sont déposés à la fin de l'automne isolement ou en petits groupes, de préférence sur le bois des jeunes pousses ou sur les bourgeons des plantes ligneuses. Les œufs peuvent être déposés à la base des rameaux ou sur le tronc. Ces œufs éclosent au début du printemps et donnent naissance aux larves qui se développent sur les jeunes pousses et forment des femelles parthénogénétiques aptères appelées fondatrigènes. Reboulet (1999) in Benoit (2006) révèle qu'une femelle est capable d'engendrer 30 à 70 larves toutes de sexe femelle. Le stade adulte est atteint en quinze jours environ selon les espèces. Ainsi, une femelle donne au bout d'un mois un millier de descendants, au bout de deux mois un million et dans trois mois, la pullulation peut atteindre un milliard. Cette importance numérique résulte d'une succession de plusieurs générations (jusqu' à 12 selon les espèces) jusqu'au début de l'été. Des formes ailées apparaissent lorsque la pullulation s'intensifie et la migration vers d'autres plantes est déclenchée. L'augmentation du pourcentage des ailés est liée aux fortes densités des aphides suite à un effet de groupe. Au début de l'automne suivant, des femelles ailées et parthénogénétiques particulières apparaissent, ce sont les sexupares. Ces dernières effectuent la migration en retour sur l'hôte primaire. Leur production est principalement sous la dépendance de la photopériode. Les sexupares sont soit des andropores (donnant naissance à des mâles ailés), soit des gynopares (engendrant des femelles sexuées aptères et ovipares), soit des amphotères (produisant les deux sexes). Sur l'hôte primaire, les mâles et les femelles peuvent s'accoupler plusieurs fois. Les femelles fécondées commencent à pondre 24 heures après l'accouplement et mettent jusqu'à 8 œufs qui assurent l'hivernation de l'espèce. Il est intéressant de signaler que chez nombreuses espèces hétéroéciques, le vol du retour vers l'hôte primaire n'intéresse pas la totalité des individus dont certains peuvent se maintenir sur l'hôte secondaire en formant un paracycle anholocyclique. Un puceron à paracycle géographique se reproduit dans une région ou le cycle complet ne peut pas se réaliser en absence de l'hôte primaire et le cycle ne peut se compléter qu'avec migration vers d'autres régions. Dans des rares cas, chez quelques espèces aphidiennes, le cycle complet n'existe pas ou n'existe plus. Il s'agit des espèces paramonoéciques qui dérivent des espèces à cycle hétéroécique par perte des générations inféodées à l'hôte primaire (Leclant, 1978 cité par Sekkat, 1987).

6.1. Polymorphisme des pucerons

Les pucerons se caractérisent par une grande variabilité qui s'exprime à travers leur polymorphisme (Muller et *al.,* 2001). Cette polymorphie permet aux aphides de se développer sur des hôtes alternants (Dixon, 1985). Robert (1988) indique que le polymorphisme se traduit, au sens strict, par l'existence d'un grand nombre de formes ou morphes et au sens

39

large par la multiplicité de leurs types de cycles biologiques. Ces différents morphes sont à l'origine de l'accomplissement des fonctionnalités de reproduction, de dispersion et de survie de l'espèce (Miyazaki, 1987). Artacho et *al.,* (2011) prouvent que le polymorphisme des pucerons est produit grâce à des facteurs climatiques spécifiques. Des études biochimiques et physiologiques expliquent le polymorphisme des pucerons par la variation de la concentration des ecdystéroïdes (Hormone de mue) entre les morphes (Polgar *et al.,* 1996). En effet, pour différentes morphes de pucerons: morphes holocycliques monoéciques (*A. pisum, Dysaphis devecta* Wolk, *Lachnus roboris* L., *Schizolachnus pineti* F.) et des morphes holocycliques hétéroéciques (*Aphis sambuci* L. et *R. padi*), les analyses prouvent que pour les morphes parthénogénétiques, les fondatrices avaient la quantité la plus élevée des ecdystéroïdes en comparaison aux autres morphes de la même espèce. Cependant, les morphes migrants (gynopares ailés) ont la quantité la plus faible des ecdystéroïdes. Hardie (1986) a expliqué le polymorphisme par la variation de la quantité de l'hormone juvénile et des volumes des glandes corpora allata sous l'effet de la longueur des jours.

6.1.1. Formation des ailés

Quel que soit leur type biologique, toutes les espèces manifestent une activité saisonnière de vol comme une sorte de régulation numérique des populations des ravageurs (Robert, 1988). En effet, Deguine et Leclant (1997) ont montré qu'en fonction de la variation du rythme saisonnier, l'apparition des formes ailées permet la satisfaction de leurs exigences alimentaires, l'invasion des plantes voisines et la dissémination de l'espèce. On distingue trois types de vol, un vol d'émigration au printemps, depuis l'hôte primaire vers les hôtes secondaires ; un vol de dissémination en été avec changement de plante, de culture ou de parcelle ; un vol de contamination ou de rémigration en automne vers l'hôte primaire (Robert, 1988). La fréquence et l'amplitude du comportement du vol sont liées à différents stimuli biotiques et environnementaux (Hardie, 1989) dont les plus importants sont l'espèce aphidienne, l'effet de groupe, la physiologie de la plante hôte, la présence d'ennemis naturels, la température, la photopériode et d'autres facteurs climatiques. Muller et *al.,* (2001) indiquent que l'effet de groupe est le facteur important dans la formation des ailés. Celini et Vaillant (1999) ajoutent que la reconversion entre forme ailée et aptère dépend largement de l'effet de groupe qui est lié à la surpopulation locale des jeunes larves et à la grande mobilité d'individus ce qui provoque l'apparition des stimulations tactiles répétées. Il s'agit d'un facteur prénatal ou postnatal. Le premier s'effectue entre mère et filles et conduit à la formation des ailés à la génération suivante, comme chez *A. pisum* (Sutherland, 1969) et *S.*

avenae (Watt et Dixon, 1981). Quant au facteur postnatal, il se manifeste entre larves jeunes et induit l'apparition des larves à ptérothèques, favorisant la formation des ailés dans la même génération, c'est le cas d'*A. fabae* (Shaw, 1970). En outre, il est à signaler, que les deux facteurs agissent simultanément chez *M. persicae* (Sutherland et Mittler, 1971) et *R. padi* (Sekkat, 1987). La production des ailés est également favorisée par une diminution de la valeur nutritionnelle de la sève (Dixon, 1985 et Muller *et al.*, 2001). En effet, la constitution biochimique de la sève dont s'alimente le puceron évolue avec l'âge de la plante nourricière particulièrement à l'approche de la maturité. Il se produit un appauvrissement de la sève en éléments nutritifs. Le puceron y réagit par la production des ailés qui quittent la plante à la recherche de nouveaux hôtes de meilleure qualité alimentaire (Jerraya, 2003). Dixon (1985) a signalé qu'il est possible également que d'autres composantes non nutritionnelles mais liées à la qualité alimentaire agissent, indirectement, comme stimulus soulignant les changements. D'ailleurs, certaines espèces de pucerons sont attirées par la couleur jaune indiquant le stade juvénile de la plante. En outre, les travaux de Robert (1988) ont montré l'influence des facteurs climatiques dans l'envol de l'insecte qui nécessite un seuil minimum de température égale à 10 °C pour *R. padi* et de 15 °C pour *A. fabae*. D'ailleurs, le seuil maximum est d'environ 30 °C pour la plupart des espèces et pouvant atteindre 42 °C chez *Schizaphis graminum* Rondani. De plus, la température augmente l'activité du vol au sein de la colonie, ainsi que la probabilité de contacts entre les individus induisant la formation des ailés (Parish et Bale, 1990). D'autres facteurs sont susceptibles d'agir sur la formation des ailés notamment la vitesse du vent et l'intensité lumineuse (Robert, 1988). A cet égard, Lees (1967) a montré l'influence de la photopériode sur la production des ces morphes chez *Brachycaudus brassicae* Passerini, *Myzus persicae* Sulzer et *Myzus viciae* Buckton. De même, Johnson (1965 et 1966) a montré que l'apparition des ailés d'*Aphis craccivora* Koch est induite lorsque la durée du jour diminue. Par contre, lorsque la durée du jour augmente, la formation des aptères s'accentue. Il est important de conclure que l'effet de groupe, la qualité alimentaire de la plante et les facteurs environnementaux sont étroitement liés et influencent l'induction des ailés et ceci d'une façon coordonnée (Muller et *al.*, 2001). Par ailleurs, Ankersmit et Dijkman (1983) ont indiqué que les ennemis naturels des pucerons peuvent stimuler ou inhiber la formation des ailés de façon directe ou indirecte à travers les stimulis tactiles. Christiansen-Weniger et Hardie (1998 et 2000) ont mentionné que cette inhibition est liée à des paramètres induits lors de l'oviposition du parasitoïde perturbant le système endocrinien du ravageur. De même, la présence des prédateurs près des colonies aphidiennes est responsable de la formation des pucerons ailés comme une sorte de défense morphologique, c'est le cas du puceron de petit pois suite de l'arrivée sur son hôte végétal de *Coccinella algerica* Kovar et *Adalia bipunctata* L. (Sahraoui et *al.*, 2001). Hullé et *al.*, (1999) ont noté que les coccinelles laissent des traces olfactives. Ces traces informent sur la présence d'un prédateur et ainsi une fuite s'accomplie par la formation des ailés. La sensation de l'odeur des champignons en sporulation se traduit par la production de ces morphes ailés chez *A. pisum* suite à une infection des pucerons voisins par *Erynia neoaphidis* Remaudière et Hennebert (Muller et *al.*, 2001).

6.1.2. Formation des sexuées

La formation des sexuées est liée en premier lieu à la photopériode et à la température Dedryver et *al.*, 1998). Trionnaire et *al.* (2012) ont montré que la production des sexués est induite par la photopériode. En effet, dans les régions tempérées, en automne, lorsque la photopériode commence à décroitre, plusieurs espèces déclenchent la production des formes sexuées. Ce phénomène a été démontré par Dedryver et Simon (1989) qui ont noté que la production des sexuées de *S. avenae* était observée à une température de l'ordre de 13°C et à une photopériode de 10 heures d'éclairement. Par contre les parthénogénétiques sont produites était à 20°C et à une photopériode de16 heures d'éclairement. Sekkat (1987) a prouvé qu'à une photopériode fixe, plus la température est basse, plus la formation des sexuées est importante. Par ailleurs, Dixon (1985) a signalé que dans les régions froides, la formation des sexuées est une obligation, contrairement aux régions tropicales où ces insectes sont presque totalement parthénogénétiques.

7. Présentation du puceron brun du pêcher *Pterochloroides persicae* Cholodkovsky 1899

7.1. Position systématique de *P. persicae*

Pterochloroides persicae Cholodkovsky 1899 est un Invertébré faisant partie de l'embranchement des Arthropodes, du sous embranchement des Antennates. Il appartient à la classe des Insecta, sous classe des Pterygota, ordre des Hemiptera, sous ordre des Sternorrhyncha, la famille des Aphididae et la sous famille des Lachninae (Heie ,1987; Wojciechowski, 1992 et Blackman et Eastop, 2000). Il est intéressant de remarquer qu'il s'agit de la seule espèce du genre *Pterochloroides* (Blackman et Eastop, 2000).

7.2. Historique et répartition géographique

P. persicae est d'origine asiatique et plus particulièrement de la Chine (Talhouk, 1977; Blackman et Eastop, 1984; Kairo et Poswal, 1995 et Stoetzel et Miller 1998). Il semble toutefois que ce n'est que vers 1899 que ce bioagresseur a été considéré comme ravageur de première importance (Kairo et Poswal, 1995 et Cross et Poswal, 1996). En raison de sa large répartition géographique dans le monde, *P. persicae* a été décrit dans divers pays sous des nomenclatures scientifiques différentes depuis 1899: *Lachnus persicae* Cholododkovsky *Cinara persicae* Cholododkovsky, *Pterochlorus persicae* Cholodkovsky, *Tuberodrybius persicae* Cholodkovsky, *Drybius amygdali* Cholodkovsky *et Drybius persicae* Cholodkovsky (Cross et Poswal, 1996).

P. persicae est très largement répandu dans le monde, signalé en Europe, en Afrique, en Asie et en Amérique (Talhouk, 1977; Trigui et Shérif, 1987; Kairo et Paswol, 1995; Cabello, 1995; Stoetzel et Miller, 1998 ; Ahmeid Al-Nagar et Nieto Nafria, 1998, CABI, 2003; Blackman et Eastop, 2006 et Hidalgo et *al.*, 2012). La figure (4) représente les aires de dispersion des populations de *P. persicae* à savoir l'Arménie, le Bhoutan, le Chypre, l'Egypte, la Géorgie, l'Inde, l'Iran, Israël, l'Italie, le Kazakhstan, le Liban,le Pakistan, la Romanie, l'Arabie Saoudite, la Tunisie, l'Algérie, le Maroc, la Lybie, la Turquie, le Turkménistan, la Serbie, le Yémen, la Grèce, la Syrie, l'Espagne et l'Amérique du Nord.

Cette extension du ravageur dans les différents continents du globe, souligne un caractère invasif comme d'autres ravageurs qui ont eu l'attention d'une importance économique. Par exemple, *Tuta absoluta* Meyrick (Lepidoptera, Gelechiidae) (Abbes et Chermiti, 2010), *Aphis illinoisensis* Shimer (Hemiptera, Aphididae) (Ben Halima Kamel et Mdellel, 2010), *Phyllocnistis citrella* Stainton (Lepidotera, Gracillariidae) (Kharrat et Jerraya, 2006).

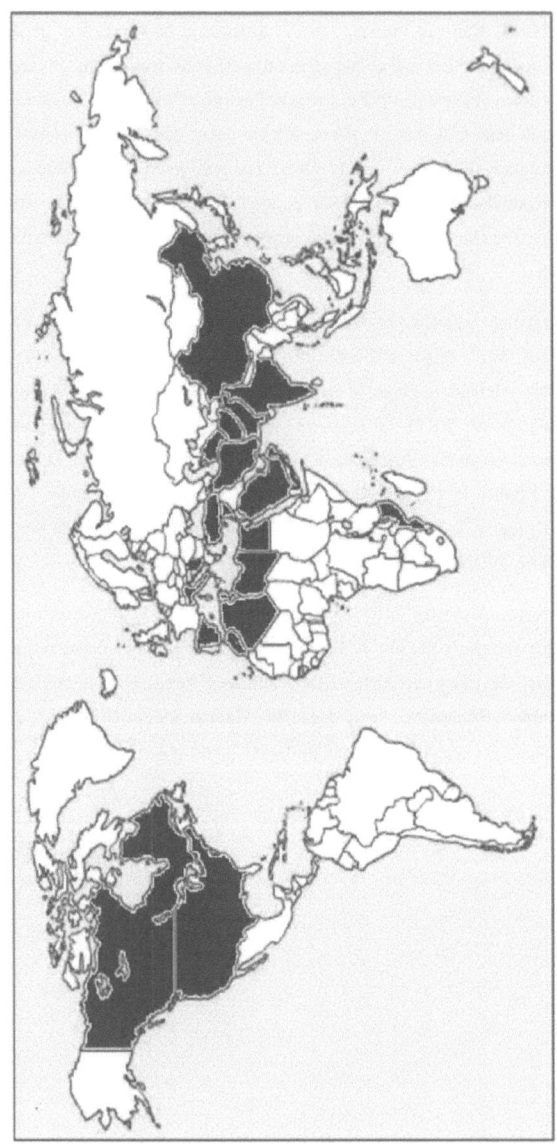

Figure 4. Représentation sommaire des aires de répartition géographiques des populations de *P. persicae* (Kairo et Poswal, 1995; Cabello, 1995; Stoetzel et Miller, 1998 ; Ahmeid Al-Nagar et Nieto Nafría, 1998 ; CABI, 2003 ; Blackman et Eastop, 2006; Tsitsipis et al. 2007 et Hidalgo *et al.*, 2012)

Présence de *P. persicae*

Absence de *P. persicae*

44

7.3. Morphologie des différents stades biologiques de *P. persicae*

7.3.1. Morphologie de l'adulte aptère

La description de l'adulte aptère a été effectuée par El-Trigui et *al.*, (1989) et Blackman et Eastop (2000). La femelle virginipare est pyriforme, assez trapue et globuleuse, mesurant 4 à 7 mm de long (Fig. 5 D). Sa couleur est brun-terne. La tête porte deux antennes moyennement longues, poilues ayant six articles dont le 3ème et le 4ème sont munies de sensoria de l'ordre de 0 à 2 et 0 à 1 respectivement (Stoetzel et Miller, 1998). Les yeux sont composés, bien développés et de couleur brune foncée. Le puceron brun du pêcher se caractérise par un rostre long atteignant chez l'adulte le 6ème segment abdominal. Les pattes sont grêles et longues (surtout les pattes postérieures) se terminant par un tarse biarticulé muni de deux griffes à la base du dernier tarsemère. Elles sont de couleur brune foncée au niveau des articulations, au milieu du fémur et à la base du tibia et des tarses. L'abdomen est de couleur grise, orné dorsalement de 7 rangées de points tuberculeux noirs ou scléroites. Les cornicules sont atrophiées et ont l'aspect de vésicules noires et poilues. La cauda est arrondie et munie de soies.

7.3.2. Morphologie du morphe ailé

Les virginipares ailées (Fig. 5 G) issues des nymphes (Fig. 5 F), sont plus petites que les aptères (3 à 4 mm) (Fig. 5). Elles sont pourvues d'antennes plus effilées, nettement plus poilues et portant plus des sensoria sur le 3ème et le 4ème article. Ces sensoria sont de l'ordre de 8 à 14 et de 1à 5 respectivement. Le thorax est robuste musclé, bien adapté au vol et sur lequel est inséré deux paires d'ailes. En position de repos, ces ailes sont pliées obliquement sous forme de toit. Les deux ailes antérieures (Fig. 5 H) sont relativement assez rigides pourvues de nervures aux angles enfumés (El-Trigui *et al.*, 1989, Blackman et Eastop, 2000) alors que les postérieures sont membraneuses et transparentes (Fig.5 I).

7.3.3. Caractères morphologiques des larves

El-Trigui *et al.* (1989) ont mentionné que les larves de *P. persicae* sont semblables aux adultes présentant toutefois un abdomen moins trapu et de couleur légèrement moins foncée. Le rostre est long, atteignant ou même dépassant l'extrémité du corps. Les larves du 1er et du 2ème stade (Fig. 5 A et B) ont apparemment des antennes pourvues de 5 articles, le 3ème article étant nettement plus long que les autres et semble se cloisonner en deux lors des prochaines mues. C'est ainsi que les larves de 3ème et 4ème stades (Fig. 5 C et D) ont comme les adultes des antennes de 6 articles bien différenciés.

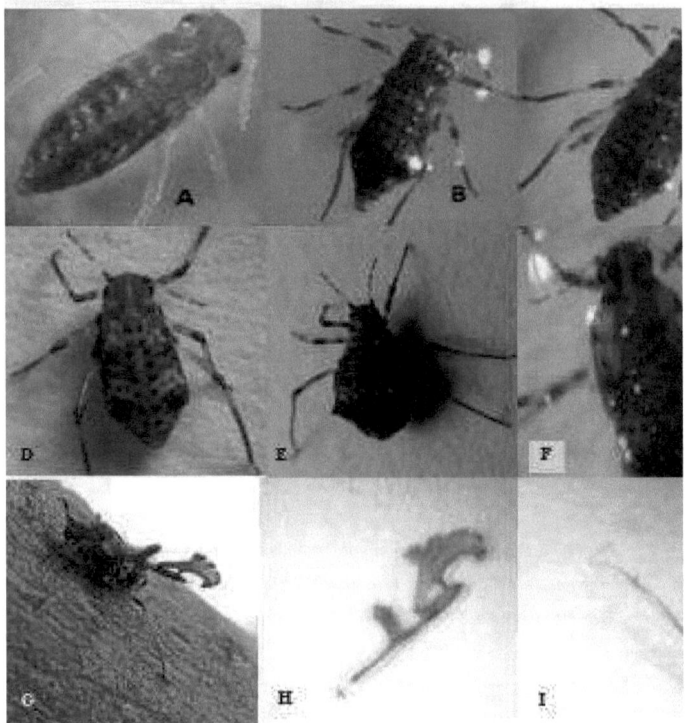

Figure 5 : Stades du développement de *Pterochloroides persicae* (A : 1er stade larvaire, B : 2ème stade larvaire, C: 3ème stade larvaire, D : 4ème stade larvaire, E: adulte aptère, F : larve à ébauche alaire, G : adulte ailé, H : aile antérieure, I : aile postérieure). Grossissement (100x). (Mdellel, 2008)

7.4. Plantes hôtes

Le puceron brun du pêcher a été décrit pour la première fois en 1899 à partir des individus collectés sur pêcher et amandier de l'Asie centrale (Cross et Poswal, 1996). Plusieurs travaux se sont intéressés à la détermination des différentes plantes hôtes de ce ravageur. En effet, une large gamme de plantes hôtes a été identifiée dans plusieurs pays du monde. Ainsi,

Archangelsky (1917), Janjua et Chaudhry (1964), Velmirovic (1976), Talhouk (1977), Ciampollini et Martelli (1977), Remaudière et Munos Viviros (1985), Trigui et Chérif (1987), Darwich et al. (1989), El Trigui *et al.* (1989), Kairo et Poswal (1995), Khan et al. (1998), Stoetzel et Giller (1998), Ben Halima et Ben Hamouda (1998, 2004 et 2005), Jerraya (2003) et Ateyyat et Abu-Darwich (2009) ont observé les colonies de *P. persicae* sur différents arbres fruitiers appartenant à trois familles botaniques (Rosacées, Salicacées et Rutacées). La famille des Rosacées est la plus représentée dont: *Prunus persica*e, *P. amygdalus*, *P. divaricarta*, *P. salicina*, *P. cerasifera*, *P. armeniaca*, *P. domestica*, *P. bokhariensis*, *P. spinosa*, *Pyrus malus*, *Malus sp*, *Cydonia vulgaris*. De plus, il a été observé sur une Salicacée (*Salix sp*) et une Rutacée (*Citrus siensis* L.) (Kairo et Poswal, 1995).

7.5. Biologie de *P. persicae*

Les observations menées sur les populations de *P. persicae* dans des plantations fruitières dans diverses régions du monde révèlent la présence de deux formes de cycles de vie (Kairo et Poswal, 1995, Talhouk, 1977) et ayant la possibilité de se développer comme holocylique et anholocyclique suivant les conditions environnementales. Dans les pays à hiver froid, *P. persicae* présente un cycle de vie holocyclique. Le cycle commence par un œuf de couleur brillante. La période de ponte varie en fonction des conditions environnementales, l'altitude et la latitude (Talhouk, 1977 ; Janjua et Chaudhry, 1964 in Kairo et Poswal, 1995). En Pakistan, Janjua et Chaudrhy (1964) ont noté que la période favorable à la ponte s'étale depuis le mois de novembre jusqu'au décembre avec une moyenne de ponte de 10 œufs pour chaque femelle ovipare. Les ovipares sont observées vers la fin du mois de septembre et se maintiennent en octobre et même en novembre. L'éclosion commence au début du printemps donnant naissance à des vivipares. Par contre, Talhouk (1977) signale que la ponte en Syrie et au Liban démarre vers la fin du mois d'octobre et se poursuit jusqu'à la mi-janvier. Après 20 jours, les fondatrices issues de l'œuf d'hiver se multiplient en donnant naissance à des femelles vivipares. Il a été signalé aussi que *P. persicae* peut développer entre 12 et 27 générations selon les régions. En effet, Darwich et *al.*, (1989) ont mentionné qu'il développe environ 18 générations annuelles en Egypte. Dans le même contexte, Kairo et Poswal (1995) ont souligné que *P. persicae* développe entre 18 et 27 générations en Israël et en Egypte. Dans la région de Sicile en Italie, Cravedi et Bolchi (1981) in Darwich et *al.*, (1989) ont montré que cet aphide produit 12 générations par an. Les larves issues des virginogènes accomplissent leur croissance en passant par divers stades pour atteindre le stade adulte et enfin engendrer à leur tour des nouvelles virginipares. Au cours des mues successives et sous l'influence de divers facteurs endogènes et exogènes, certaines larves acquièrent des fourreaux alaires et deviennent des virginipares ailées. En ce qui concerne l'importance numérique des populations, plusieurs pics ont été observés en fonction du temps et en fonction des régions où l'insecte pullule. Janjua et Chaudhry (1977) in Kairo et Poswal (1995) ont constaté deux pics en Pakistan. Le premier pendant la période printanière et le second en automne ou en hiver. Par contre, en Syrie, Talhouk (1977) a mentionné que le pic de la population holocyclique peut être enregistré pendant le mois d'aout. D'autres travaux en Sicile (Italie), Patti et Maniglia (1980) in Kairo et Poswal (1995) ont détecté le pic de vol courant les mois de juin et juillet. Enfin, une production des ovipares s'observe de nouveau et le cycle reprend. Quant aux aphides anholocycliques, ils ont été signalés dans les plantations fruitières ayant subi des fortes invasions de *P. persicae* et n'ont pas révélé la présence de formes sexuées et des œufs (Darwish et *al.*, 1989; El Trigui et El Shérif, 1989). De plus, ils ont noté la succession uniquement des générations parthénogénétiques en printemps. Il en ressort que la biologie et le développement du *P. persicae* sont fortement affectés par plusieurs facteurs (Talhouk, 1977; Darwish et *al.*, 1989; Kairo et Poswal, 1995; Cross et Poswal, 1996; Rakhshani et *al.*, 2005 et Thi Thuy et *al.*, 2007). Nous pouvons citer comme exemple l'effet de la température où Talhouk (1977), Darwish et *al.* (1989) et Khan et al. (1998) ont prouvé que la longévité de *P. persicae* varie en fonction de la température. D'ailleurs, Darwish et *al.,* (1989) ont mentionné que la longévité de ce puceron en Egypte est de l'ordre de 15 jours en août et de l'ordre de 39 jours en janvier. Outre, la température agit sur la fécondité de l'insecte où le nombre des jeunes larves oscille entre 19 et 32 à des températures comprise entre 19,5 et 22,6 °C respectivement. De même, le nombre des générations de *P. persicae* dépend de la température ou Cravedi et Bolchi Serini (1981) in Darwish et *al.,* (1989) et Cross et Poswal (1996) ont indiqué que le nombre de génération est de 12 et 18 en fonction de la région et de la température. Ce nombre est de l'ordre de 12 en Italie et 18 en Egypte. Aussi, la photopériode peut influencer la production des formes sexuées après exposition de l'insecte à 16 heures d'éclairement (Khan et *al.*, 1998). En plus, l'humidité relative a une incidence sur la biologie de *P. persicae*. Dans ce sens, Darwish et *al.*(1989), Kairo et Poswal (1995) et Khan et *al.*(1998), ont signalé que la durée de phase pré-reproductive, reproductive et post-reproductive, la fécondité et la longévité varient en fonction de l'humidité relative. Cette relation a été prouvée par Darwish et *al.* (1989) où une femelle virginogène donne naissance en moyenne 19 et 32 larves à une humidité de l'ordre de 80,7% et 65,8% respectivement. Toutefois, la longévité de *P. persicae* est de l'ordre de 15 à 39 jours à une humidité relative de 79.2% et de 71,3% respectivement. Il est à ajouter que la fixation de l'insecte et son développement sur la plante hôte sont fortement liés à l'âge de la plante hôte et sa richesse en sève (Cross et Poswal, 1996). Ces auteurs révèlent que des arbres âgés de plus de 4 ans dont la quantité de sève est généralement importante sont beaucoup moins résistants et sont préférés par *P. persicae*.

7.6. Dégâts de *P. persicae*

P. persicae prélève la sève à l'aide de son rostre à partir des tissus conducteurs de l'hôte (Kairo et Poswal, 1995; Cross et Paswol, 1996 et Darwish et *al.*, 1989). Cette sève détournée à son profit altère les besoins végétatifs des arbres, ce qui a pour conséquence directe l'affaiblissement des plantes hôtes. Cet état accompagné par des longues périodes de sécheresse, rend l'effet de ce ravageur assez néfaste et peut causer la mort après plusieurs années d'infestation (Darwish et *al.*, 1989 et El-Trigui et *al.*, 1989). En outre, *P. persicae* excrète en abondance une quantité importante du miellat qui descend en fines gouttelettes mouillant les fruits, les feuilles, les rameaux et atteignant même le sol au dessous de la frondaison de l'arbre. De plus, l'aspect de sol mouillé au dessous de l'arbre (Fig. 6) caractérise une forte infestation par le puceron brun (El-Trigui et *al.*, 1989). D'ailleurs, une forte population de *P. persicae* sur les rameaux et les branches du pêcher ou d'amandier favorise le développement des champignons sur les feuilles ce qui réduit l'activité photosynthétique (Cross et Poswal, 1996). En effet, la réduction de la photosynthèse entraine le développement anormal de l'arbre et peut conduire dans le cas échéant à la mort des arbres. Batra (1951) in Cross et Poswal (1996) a prouvé qu'une population de *P. persicae* sur pêcher se répercute sur la production en engendrant des fruits de petit calibre, de forme et de couleur anormale. Plus loin, El-Trigui et *al.* (1989) ont mentionné que les arbres épuisés suite à l'invasion de puceron brun peuvent être victimes des attaques de ravageurs secondaires, tel que *Ruguloscolytus amygdali* Guérin. Pour cela et dans le but de réduire les dégâts occasionnés par *P. persicae*, plusieurs moyens de lutte ont été suivis.

Figure 6: Colonie de *Pterochloroides persicae* et aspect du miellat couvrant le sol

(A: Colonie sur tronc et les branches charpentières, B: colonie sur la totalité de l'arbre, C: aspect du miellat couvrant le sol).

7.7. Moyens de lutte disponibles contre *P. persicae*

7.7.1. Lutte chimique

Dans des conditions favorables de température, d'humidité et de plantes hôtes, une forte pullulation importante de *P. persicae* est capable de causer des dégâts considérables et la lutte chimique devient une nécessité absolue (Stoetzel, 1994). A cet effet, plusieurs produits chimiques agissent par contact ou par ingestion ont été évalués dans le but de tester leurs efficacités (Ciampollini et Martelli, 1977, Velmoric, 1976, Sadhu et Sohi, 1978, Mann et *al.*, 1979 in Cross et Poswal, 1996). En effet, le traitement chimique est souvent conseillé au début du printemps immédiatement suite à l'apparition des premières fondatrices (Penvern et *al.*, 2010). Les aphicides, qui dominent le marché, appartiennent essentiellement aux familles des Organophosphorés et des Carbamates et quelques molécules de la famille des Pyrèthrinoides (Dewar, 2010). En Tunisie, parmi les aphicides commercialisés, on trouve le Mospilan (Famille: Chloronicotiniles), le Bestox 10 (Pyréthrinoides), Furadan (Carbamates) et l'Oikos (Tetranotriterpenoides) (GPT, 2009). Néanmoins, les insecticides sont discriminés pour deux effets indésirables: la toxicité et la résistance (Ware et Whitacre, 2004). La toxicité est régulièrement discutée dans le contexte de contamination environnementale et de la santé humaine (Wilson et Tisdell, 2001). Il est plus important de discuter ces effets sur la faune, la flore et l'environnement en tenant compte du réchauffement de la planète. Par exemple, la toxicité de quelques organochlorés croit avec les hautes températures. De plus, leur longue persistance fait qu'il continue à endommager les écosystèmes bien qu'ils ne soient plus utilisés actuellement (Ware et Whitacre, 2004). Concernant le phénomène de la résistance, c'est un exemple de l'évolution dynamique dans laquelle des mutations tout à fait fortuites donnent une protection des populations contre l'insecticide utilisé. Dans les 20 dernières années, des progrès ont été observés dans la caractérisation et la compréhension des mécanismes de résistance. Il en résulte la détermination de la nature de sélection et de la microévolution de l'environnement agricole. Ces avances restent malgré ça non lucratives vu la pression des insectes résistants. Ceci impose une charge importante sur l'économie mondiale. Citons la perte de rendement des cultures et des forêts américaines qui a atteint 1,4 milliard de dollars (Pimentel et *al.*, 1992). Il a été prouvé l'impossibilité d'agir sur la résistance des insectes aux insecticides par la mise au point de nouveaux produits. En effet, ces derniers nécessitent 8 à 10 ans et coûtent environ 20 à 40 millions de dollars. En outre, la fréquence de développement de molécule non affecté par le mécanisme de résistance semble être faible ou nul. Par conséquent le monitoring, la prédiction d'apparition et de dispersion des résistances sont indispensables pour l'utilisation des moyens chimiques dans un cadre durable (Foster et *al.*, 2002). Par ailleurs, l'utilisation de ces produits a des conséquences sur l'appauvrissement de la biodiversité et toxicité des hommes d'une part, et la résurgence des nouveaux ravageurs suite à la destruction de leurs ennemis naturels d'autre part (Jerraya et El Rouechdi, 2005 et Ateyyat et Abu-Darwish, 2009). Ateyyat et Abu-Darwish (2009) ont prouvé que les traitements chimiques à large spectre d'action et souvent très rémanents ont dénié tout avenir à la lutte biologique du fait de l'extrême sensibilité des agents les plus actifs. L'impact de ces produits a nécessité la réduction de leur emploi. En effet, Al-Sayani (2010) a signalé que l'utilisation du Confidor 20 contre *P. persicae* a diminué en Yemen de 22 tonnes en 1994 et deviennent nulle en 2000. Cependant, d'autres moyens de lutte ont été adoptés afin de conserver la biodiversité par l'emploi des bio-insecticides, des lâchers d'auxiliaires, l'amélioration des moyens agro-techniques tel que la recherche des nouvelles variétés résistantes (Benoit, 2006).

7.7.2. Lutte biologique

La lutte biologique a été définie comme étant un processus agissant au niveau des populations et par lequel la densité de population d'une espèce est abaissée par l'effet d'une autre espèce qui agit par prédation, par parasitisme, par pathogénécité ou par compétition (Van-Drieche et Bellows, 1996). La lutte biologique est donc l'utilisation d'organisme vivant dans le but de limiter la pullulation des divers ennemis des cultures (Jourdheuil *et al.,* 2002).

7.7.2.1. Ennemis naturels de *P. persicae*

Les ennemis naturels de *P. persicae* peuvent être des prédateurs, des parasitoïdes et des champignons entomopathogènes.

7.7.2.1.1. Les prédateurs

Lyon (1983) a défini les prédateurs comme étant l'ensemble des organismes dont le développement s'effectue généralement aux dépends de plusieurs proies qu'ils tuent pour les consommer. En effet, Talhouk (1977), Kairo et Poswal (1995) et Ben Halima Kamel et Ben Hamouda (2005) ont classé l'ensemble des prédateurs les plus actifs associés au puceron brun du pêcher sont des Diptera (Syrphidae, Cecidomyidae), des Coleoptera (Coccinellidae) et des Mantodea (Mantidae) (*Mantis religiosa* L.). Cross et Paswol (1996) ont attesté que la majorité de ces prédateurs sont généralistes et ont un large spectre des proies. Ces agents sont incapables d'affecter significativement la population de *P. persicae*.

7.7.2.1.2. Les parasitoïdes

Les parasitoïdes sont des organismes dont les larves se développent en se nourrissant d'autres arthropodes (Godfray, 1994). Ces parasitoïdes représentent entre 8 et 20% des espèces d'insectes décrites à ce jour dont la majorité sont de l'ordre des Hymenoptera (Feener et

Brown, 1997). Les caractéristiques écologiques et démographiques des parasitoïdes conduisent au niveau individuel et dans la plupart des cas à la mort de leurs hôtes. Au niveau populationnel, ces caractéristiques contribuent également à la limitation des populations hôtes. A ce titre, les parasitoïdes peuvent réduire l'impact des ravageurs des cultures. Dans le cas de *P. persicae*, quelques espèces des parasitoïdes (Braconidae) ont été enregistrés (Kairo et Poswal, 1995). *Pauesia antennata* Mukerji (Hymenoptera, Braconidae, Aphidinae) est d'une importance particulière (Mackauer et Chow, (1986) cité par Cross et Poswal, (1996), Stary et *al*. (2005) et Rakhshani et *al*. (2005)). Il s'agit d'un parasitoïde spécifique de *P. persicae*. Il est d'origine asiatique de la même aire de répartition que *P. persicae* et décrit pour la première fois en 1950 (Pakistan) par Mukerji à partir des emergences de *P. persicae* collectés sur pêcher. *P. antennata* a été désigné sous différents taxons depuis 1950. Il a été baptisé la première fois par Mukerji sous le nom d'*Aphidius antennatus*. Par la suite, il a été nommé *Aphidius chloratus* Telenga (Cross et Poswal, 1996). En 1965, Stary a attribué le nom *Pauesia chlorata*. Par la suite, Mackauer et Stary (1967) ont définitivement fixé le nom du parasitoïde *Pauesia antennata* (Hymenoptera, Braconidae). Ce dernier a été décrit par Cross et Poswal (1996) et Rakhshani et *al.,* (2005). En ce qui concerne le mâle (Fig. 7 A), il est de taille et de couleur similaire à la femelle. Seulement, l'antenne est composée de 22 à 23 segments et le génitalia est d'une forme sub-triangulaire à sommet court (Fig. 7 E). La femelle est de taille de l'ordre de 3.5 mm et d'une coloration brune claire (Fig. 7 B) La tête est brune foncée portant deux antennes constituées chacune de 20 à 22 segments. L'appareil buccal est caractérisé par des palpes maxillaires segmentés en 4 articles alors que les palpes labiaux sont constitués de 3 articles (Fig. 7 C). Les pattes sont jaunes à brunes. L'aile antérieure est transparente dont les veines sont brunes et parfois transparentes en quelques parties y compris la pointe des métacarpes (Fig. 7 D). Le pterostigma est d'une longueur de 2,7 à 2,8 fois que sa largeur. Le métacarpe est légèrement plus long que le ptérostigma. Le premier secteur radial est d'une longueur égale à la largeur de ptérostigma mais 1,1 fois plus long que le second secteur radial. L'ovipositeur est sous forme d'une gaine brune foncé, légèrement incurvée vers le haut avec 3 à 5 longues soies et 2 à 3 soies courtes (Fig.7 F).

P. antennata est un endoparasitoïde koinobionte (qui permet à leur hôte de continuer plus au moins normalement leur développement de succomber sous l'effet du développement parasitaire (Askew et Shaw, 1986), solitaire de *P. persicae* (Cross et Poswal, 1996). Il se peut que deux ou trois œufs puissent coexister ensemble dans le corps de *P. persicae*. Par la suite, un seul œuf persiste et le surplus des œufs dans le corps sera éliminé de l'hôte soit par attaque physique ou par suppression physiologique (Cross et Poswal, 1996). La ponte peut durer quelques secondes et le dernier stade nymphal et l'adulte de *P. persicae* sont les plus préférés pour la ponte de *P. antennata*. Dans l'hôte, l'œuf éclot 43 à 47 heures à partir du moment de la ponte. Cross et Poswal (1996) ont mentionné que l'endoparasite passe par deux ou trois stades larvaires avant d'atteindre le stade pré-pupal. Durant la période de développement embryonnaire, les premiers stades larvaires se nourrissent uniquement de l'hémolymphe de l'hôte. Par contre, durant la phase finale du développement, le parasitoïde se nourrit du tissu de son hôte et particulièrement de ses organes reproducteurs et n'en persiste que la cuticule. L'émergence du parasitoïde se fait 13 à 14 jours à partir du moment de la ponte à 24±4°C. La maturité du parasitoïde est atteinte quelques heures après son émergence. La durée de l'accouplement varie entre 31 à 55 secondes. Le parasitoïde adulte se nourrit du miellat du puceron hôte qui représente la source essentielle de la nutrition. Dans des conditions favorables de température et en présence de l'eau et de l'hôte, le parasitoïde peut vivre 4 à 5 jours (Kairo et Poswal, 1995). Au laboratoire, la même longévité est atteinte en présence du miel ou du glucose (Cross et Poswal, 1996). Le même auteur a signalé que *P. antannata* a été élevé sur *P. persicae* à une température de l'ordre de 21±1°C et à une photopériode de13 heures d'éclairement. Il est à signaler que l'émergence de l'insecte mâle survient après 13 à 14 jours de la date de la ponte. Un à deux jours après, les femelles émergent. Concernant la femelle, elle ne peut s'accoupler qu'une seule fois alors que le mâle à la capacité de s'accoupler avec une ou plusieurs femelles durant sa vie (Cross et Poswal, 1996). Parfois, une femelle commence à pondre sans pour autant être fécondée et les descendants sont uniquement des mâles haploïdes. Par contre, une femelle fécondée ne donne que des femelles diploïdes. Il est intéressant de signaler que l'émergence des mâles se fait toujours avant les femelles. Le nombre des générations de *Pauesia* est similaire à ceux de *P. persicae*. Dans les vergers, une température comprise entre 12 et 22°C permet l'établissement de *P. antennata* durant toute l'année alors que les températures basses induit la diapause (Cross et Poswal, 1996). La dispersion de *P. antennata* se fait sous trois formes (larve dans un puceron vivant, pupe dans une momie et adulte) (Cross et Poswal, 1996). En effet, la dispersion sous forme larvaire se fait sur des distances courtes. Une dispersion à des longues distances peut avoir lieu dans le cas où les larves parasitent des pucerons ailés vivants comme le cas de *Pauesia bicolor* en Afrique de Sud, capable de parasiter l'ailé de *Cinara cronartii* Rank (Hemiptera, Lachninae) (Kfir et Kirsten, 1991). Par contre, la dispersion sous forme d'une pupe dans une momie se fait par l'homme sur des distances courtes ou longues. Quant à l'adulte de *P. antennata*, il assure une dispersion sur des longues distances par le vent (Cross et Paswol,

1996). De façon similaire que tous les parasitoïdes, la recherche de l'hôte se fait en trois étapes: localisation de l'habitat de l'hôte suivie par la localisation de l'hôte et enfin la sélection de l'hôte approprié. La femelle commence par déposer un œuf par piqûre dans le puceron. La larve du parasitoïde se développe aux dépens de l'hémolymphe, puis des tissus adipeux et des organes de l'hôte, provoquant sa mort à la fin du développement larvaire du parasitoïde. La larve mature tisse un cocon dans la dépouille du puceron qui prend alors un aspect gonflé, la "momie" et s'y nymphose. L'adulte émerge quelques jours plus tard (Kfir et Kirsten ,1991).

Le parasitoïde est capable de trouver des populations importantes sur leurs hôtes rapidement en détectant des signaux physicochimiques qui réduisent progressivement le domaine de recherche jusqu'à la rencontre des hôtes appropriés (Laumann et *al.*, 2007). La sélection de l'hôte final suit une série d'étape comportementales progressant de l'extérieur vers l'intérieur où le parasitoïde peut rejeter l'hôte à tout moment durant ce processus (Cross et Poswal, 1996). Dans un programme de lutte biologique, l'efficacité de *P. antennata* peut être limitée par plusieurs ennemis naturels. En effet, Patti et Maniglia (1980) in Cross et Poswal (1996) ont indiqué qu'il existe plusieurs espèces de fourmis, se nourrissant du miellat de *P. persicae*, empêchent le comportement de parasitisme. A titre d'exemple, *Iridomyrmex humilis* Mayr (Hymenoptera, Formicidae) est capable d'enlever la larve du parasitoïde ou la pupe et la détruit (Archengelsky, 1917 et Plotnikov, 1915 in Cross et Poswal, 1996). Par ailleurs, plusieurs espèces des hyperparastoïdes de *P. antennata* ont été identifiées en Pakistan: *Alloxysta spp* (Hymenoptera, Figitidae), *Pachyneuron spp* (Hymenoptera, Pteromatidae), *Asaphes spp* (Hymenoptera, Pteromatidae), *Dendrocerus spp* (Hymenoptera, Megaspilidae) et *Aphidencyrtus spp* (Hymenoptera, Encyrtidae). Egalement, Archangelsky (1917) in Cross et Poswal (1996) a identifié deux hyperparasites de *P. antennata* en Chine : *Pachyneuron syrphi* Ratz (Hymenoptera, Pteromalidae) et *Aphidencyrtus aphidovorus* Mayr (Hymenoptera, Encyrtidae). Cross et Poswal (1996) ont mentionné que l'efficacité de *P. antennata* dans les vergers est faible et le taux de parasitisme est compris entre 2,7% et 20,1%. Deux phénomènes peuvent expliquer ce résultat. Ces auteurs mentionnent que l'attaque répétitive du même puceron hôte diminue les chances de la succession de la progéniture du parasitoïde. A cet effet, les attaques multiples provoquent la mort avant le développement et l'émergence du parasitoïde. En outre, la spécificité de *P. antennata* minimise, à son tour, les chances de la succession du parasitoïde. En effet, en présence d'autres espèces de pucerons sur pêcher comme *M. persicae* ou *Hyalopterus pruni* Geoffroy, *Pauesia antennata* continue à ne parasiter que *P. persicae* (Cross et Poswal, 1996).

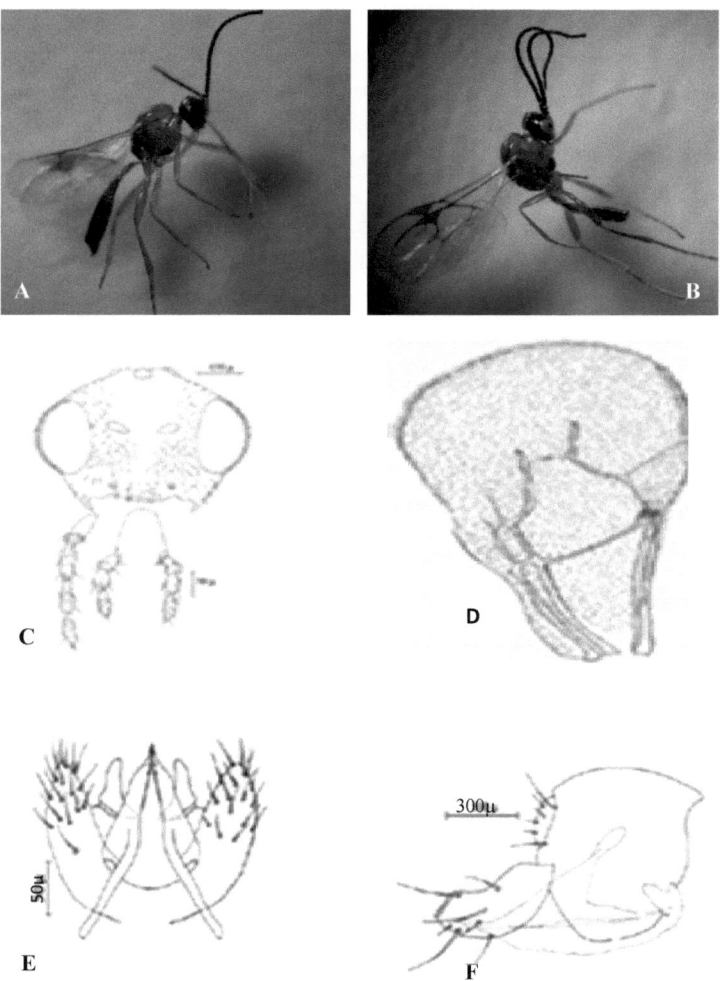

Figure 7 : *Pauesia antennata* Mukerji (A: mâle, B: femelle, C : Palpes maxillaires et labiaux, D : aile antérieure, E: Genitalia de la femelle, F: Genitalia du mâle) (Kairo et Poswal, 1996).

7.7.2.1.3. Les champignons entomopathogènes

Dans diverses régions du monde, un nombre réduit d'espèce des champignons entomopathogènes a été identifié près des pullulations de *P. persicae*. En effet, Archangelsky (1917) cité par Cross et Poswal (1996) ont mentionné *Capnodium sp* (Capnodiales, Capnodiacae) comme étant un champignon pathogène isolé de *P. persicae* récolté de l'Asie centrale. Pareillement, Tsinovskii et Egina (1972) ont isolé *Conidiobolus obscurus* (Entomophthorales, Ancylistacae) en Lettonie. De plus, Ben-Zev et al. (1988) ont identifié en Israël *Thaxterosporium turbinatum* Kenneth (Entomophthorales, Neozygitaceae). Kenneth (1977) a recensé *Entomophthora turbinata* Kenneth (Entomophthorales, Entomophthoracae) sur *P. persicae*.

7.7.2.2. Essai de lutte par utilisation des extraits des plantes

L'activité insecticide de quelques extraits des plantes contre *P. persicae* a été étudiée (Ateyyat et Abu-Darwish, 2009). En effet, des extraits d'Hexane, du Chloroforme, d'Acétone et d'Éthanol à partir des écorces de *Rahmnus dispermus* (Ramnaceae) ont été pulvérisés sur des populations de *P. persicae*. Il en résulte une chute des populations. D'ailleurs, une concentration de 10.000 ppm de chaque extrait dissoute dans 0.01 % de dimethyl sulfoxide est responsable de mortalité d'une population de *P. persicae* au bout de 24 heures. L'extrait acétonique et d'éthanolique peut causer une mortalité de 69 à 71% de la population après 72 heures, sachant que l'Imidacloprid engendre une mortalité de 93% (Ateyyat et Abu-Darwish, 2009).

7.7.3. Lutte culturale

Pour limiter les populations de *P. persicae*, plusieurs techniques culturales ont été adoptées. En effet, la diminution de l'apport de l'azote peut rendre la plante moins sensible aux pucerons. De même, des cultures associées peuvent augmenter la survie et la reproduction des auxiliaires pendant la durée de la culture (Chaubet, 1992). Aussi, l'implantation de nouveaux vergers nécessite une réflexion qui permet de rompre le cycle biologique du ravageur. D'autres techniques peuvent être suivies afin de réduire la population telle que celle signalée par Janjua et Chaudhry (1964) in Cross et Poswal (1996) où les cultivateurs se débarrassent de *P. persicae* en Pakistan par écrasement à la main sur les branches basses et les rameaux. Egalement, Grison (1992) in Cross et Poswal (1996) prouve que l'injection d'eau chaude ou froide peut être appliquée. La lutte culturale peut être employée aussi par utilisation des variétés résistantes. En effet, Denisov (1985) en Turkménistan a abouti à une identification des variétés d'amandier résistante à *P. persicae*. Pareillement, Monet (1985) et Scorza et Okie (1985) in Cross et Poswal (1996) ont montré la possibilité de trouver des variétés du pêcher résistantes à *M. persicae* et plusieurs autres ravageurs et maladies. Ceci offre la possibilité de rechercher des variétés résistantes à *P. persicae*. Cross et Paswol (1996) ont prouvé que ce mode de lutte reste impraticable dans le monde et nécessite plus de collaboration entre les pays afin de sélectionner des variétés d'amandier, de pêcher et de prunier plus résistantes.

CHAPITRE 1 :

Morphométrie et diversité génétique de *Pterochloroid*

persicae **Cholodkovsky 1899 (Hemiptera, Aphididae)**

Morphométrie et diversité génétique de *Pterochloroides persicae* Cholodkovsky 1899 (Hemiptera, Aphididae)

1. Introduction

Les pucerons (Hemiptera, Aphididae) constituent un groupe monophylétique des insectes qui s'alimentent de sève du phloème des plantes (Emden et Harrington, 2007). Ce groupe compte plus de 5000 espèces décrites dans le monde entier placé dans plus de 600 genres reconnus (Foottit et *al,* 2008 et Ortiz-Rivas et Martinez-Torres, 2010). Contrairement aux autres groupes des insectes, les pucerons sont plus diversifiés dans les régions tempérées (Dixon, 1987; Remaudière et Remaudière, 1997 et Nieto et Mier Durante Nafria, 1998). La complexité et la variabilité de leurs cycles de vie incluent la parthénogénèse cyclique et dans des nombreux cas, l'alternance obligatoire entre les hôtes éloignées. L'importance des dégâts occasionnés par les pucerons sur cultures se répercutent d'une manière directe par leur activité alimentaire ou indirectement par la capacité de transmission des virus ou par le développement des champignons (Emden et Harrington, 2007). La plupart des espèces nuisibles appartiennent à la sous famille des Aphidinae (qui concentre plus de la moitié des espèces des pucerons décrites). Par contre, la sous famille des Lachninae (environ 300 espèces) est rarement inclue dans la catégorie des espèces nuisibles à l'exception de *Pterochloroides persicae* Cholodovsky, le puceron brun du pêcher qui cause des dommages importants aux différentes espèces du genre *Prunus*, spécialement le pêcher et l'amandier (Khan et *al.,* 1998). Cette espèce couvre la face inférieure des grosses branches, formant parfois des grandes colonies sur les troncs des Prunoideae (Fig. 8).

Figure 8. Colonie de *Pterochloroides persicae* sur pêcher

Ces colonies produisent fréquemment de grandes quantités de miellat régulièrement visités par les fourmis. La distribution géographique de *P. persicae* était assez large de l'Est de la

Méditerranée à l'Inde. Cependant, au cours des 20 dernières années, la répartition géographique a été constamment élargie vers les zones occidentales, étant déjà présente en Afrique du Nord, en Italie, en Espagne et en Amérique du Nord (Nieto Nafria et *al.*, 2002). Ce puceron a été signalé en Tunisie en 1989 dans la région de Sfax (El-Trigui et El-Chérif, 1989) puis il a envahi le Nord et le Centre de la Tunisie (Jerraya, 2003). Toutefois, cet aphide au cours de sa migration d'un site à autre, sa morphologie et la structure génétique de sa population peuvent être affectées. En effet, Lozier et *al,* (2007), Ortiz-Rivas et *al.* (2009) et Hazell et *al.* (2010) ont prouvé que les facteurs environnementaux tels que les conditions climatiques, l'état physiologique de la plante hôte et la répartition géographique peuvent affecter la morphométrie et la structure génétique de plusieurs espèces des pucerons. Ainsi, l'étude de la morphométrie et de la diversité génétique de *P. persicae* en Tunisie s'avere d'une grande importance. C'est la raison pour la quelle, nous avons abordé dans ce premier chapitre une étude de la morphométrie et de la diversité génétique de *P. persicae* en fonction de sa répartition géographique et de ses plantes hôtes.

2. Matériel et méthodes

2.1. Etude de la morphométrie de *P. persicae*

2.1.1. Matériel biologique

Afin d'avoir les différents stades de développement de *P. persicae*, 30 femelles adultes aptères prêtes à pondre ont été élevées à une température fixée (20±1°C), à une photopériode de 16 heures d'éclairement et une humidité de l'ordre de 60 à 80% (Khan et *al.,*1989) sur des fragments du pêcher, ligneux et bien vigoureux, d'une longueur d'environ 30 cm et mises dans des boites contenant une solution de KNOP (Knop, 1969). Ensuite, dès l'apparition des premiers descendants, 10 larves ont été prélevées et conservées dans l'alcool (70%). Les descendants restants ont été marqués par des tâches blanches entre les cornicules pour suivre le passage d'un stade larvaire à l'autre (El-Trigui et *al.*, 1989). Le passage d'un stade à un autre se fait par des mues qui s'observent par exuviation de l'ancienne cuticule. De ce fait, l'absence de la tâche blanche entre les cornicules marque le passage au second stade larvaire. Pour chaque stade du développement une dizaine d'individus ont été prélevés et conservés dans l'alcool (70%). Concernant les adultes aptères et ailés, 30 individus ont été collectés pour chaque forme et ont été montés et fixés entre lame et lamelle.

2.1.2. Techniques de montage du puceron

L'analyse de la morphométrie de *P. persicae* a nécéssité un montage des différents stades de développement de *P. persicae* selon la technique de Blackman et Eastop (1984). Cette technique comporte les étapes successives suivantes: incision ventrale au niveau des sternites abdominaux de l'insecte sous loupe binoculaire, mise du puceron dans des verres à montre rempli de KOH (Hydroxyde de potassium) à 10% chaud, lavage dans l'alcool (70%) à chaud pendant 5 minutes, éclaircissement des individus dans une solution d'hydrate chloral de phénol pendant une heure à l'obscurité. Par la suite, le puceron est monté entre lame et lamelle dans la gomme de Faure. Les lames sont ensuite conservées dans des boites et servent pour les suivis.

2.1.3. Mesure de la morphométrie de *P. persicae*

L'étude de la morphométrie de *P. persicae* a fait recours à des mesures de la longueur et la largeur du corps, de l'antenne totale, des articles des deux antennes, de la base et du fouet du dernier article antennaire, du cauda, des cornicules, du fémur et du tibia (Agarwala et *al.*, 2009). Ceci a été réalisé à l'aide du microscope optique (Diaplan, Leitz, Grossissement : 10x), à échelle variable selon l'œil d'observation (œil gauche : 18 division correspondent à 0,1 mm ; œil droite : 9 division correspondent à 0,1). De même, un dénombrement du nombre de sensoria au niveau du 3ème et 4ème articles antennaires a été réalisé à l'aide du microscope optique (Leica) ainsi que le nombre de soie au niveau de la cauda. De plus, des rapports de la longueur de l'antenne totale par rapport à la longueur du corps, de la base par rapport au fouet, de la cornicule par rapport à la longueur du corps, de la cornicule par rapport à la cauda, de la cornicule par rapport au fémur, de la cauda par rapport au corps et du nombre de sensoria du 3ème article antennaire par rapport au 4ème article. D'autant plus, la couleur du corps de l'insecte a été décrite. Ces études ont concerné les larves (L1, L2, L3, L4), le premier et le deuxième stade nymphal et les adultes aptères et ailés. La méthodologie est inspirée des travaux d'Agarwala et *al.*, (2009).

2.1.4. Effet de l'hôte sur la morphométrie des adultes aptères et ailés de *P. persicae*

L'étude de l'effet de l'hôte sur la morphométrie des adultes aptères et ailés de *P. persicae* 180 individus aptères et ailés collectés de trois plantes hôtes ont été examinés (Tableau 2). De plus, l'effet du site d'infestation sur la morphométrie est pris en considération par la collecte de 45 individus à partir des racines, des tiges et des branches du pêcher a été étudié (Tableau 2).

Tableau 2. Répartition des échantillons ayant servi à l'étude de l'impact de la plante hôte sur la morphométrie de *P. persicae*

Pays	Culture	Site de collecte	Date de collecte	Nombre d'individus	
				Aptère	Ailé
Tunisie	Pêcher	Jammel, Chott Mariem	Mars, Avril 2008	30	30
Tunisie	Amandier	Jammel, Chott Mariem	Janvier, Février 2008	10	10
Iran	Amandier	Taftan (Iran)	May 2008	10	10
Espagne	Amandier	Murcia (Esp)	Mars 2009	10	10
Tunisie	Prunier	Jammel et Chott Mariem	Avril 2008	30	30
Tunisie	Pêcher (Racine)		Décembre 2011	15	-
Tunisie	Pêcher (Tige)	Chott Mariem	Janvier 2012	15	-
Tunisie	Pêcher (Branches)	Chott Mariem Chott Mariem	Mars 2012	15	-

Ja: Jammel, C M: Chott Mariem, Mur : Murcia, Taf : Taftan, Esp : Espagne

2.1.5. Impact géographique sur la morphométrie du puceron brun de pêcher

Pour cet objectif, 147 individus (aptères et ailés) ont été collectés de quelques sites géographiquement différents (Iran, Espagne, Italie, Serbie) (Fig. 9 et Tableau, 3). Ces échantillons s'étendent sur une distance de 4500 km. Ils ont été conservés dans l'alcool 95% et envoyés par voie postale. Des échantillons ont été aussi collectés de la Tunisie d'une distance de 200 km.

Les différents paramètres énoncés dans les paragraphes précédents ont été suivis de la même manière.

Tableau 3. Répartition géographique des échantillons collectés ayant servi à l'étude de l'impact géographique sur la morphométrie de *P. persicae*

Pays	culture	Site de collecte		Date de collecte	Nombre des individus	
					Aptères	Ailés
Tunisie	Amandier	Sidi Jammel, Mariem,	Thabet, Chott	Janvier et Février 2008	15	15
Iran	Amandier	Taftan		Mai 2008	15	10
Iran	Amandier	Karadj		1966	15	12
Espagne	Amandier	Valencia		Aout 2010	15	10
Espagne	Amandier	Murcia		Mars 2009	15	0
Italie	Amandier	Vicenza		Septembre 2010	15	0
Serbie	Amandier	Jagodian		1995	5	0

2.1.6. Analyses statistiques

Les données de la morphométrie ont fait l'objet d'une analyse de la variance par le test ANOVA. La comparaison des moyennes est faite par le test de comparaison multiple de «Duncan» au seuil de signification de 5% par le logiciel SPSS 18.

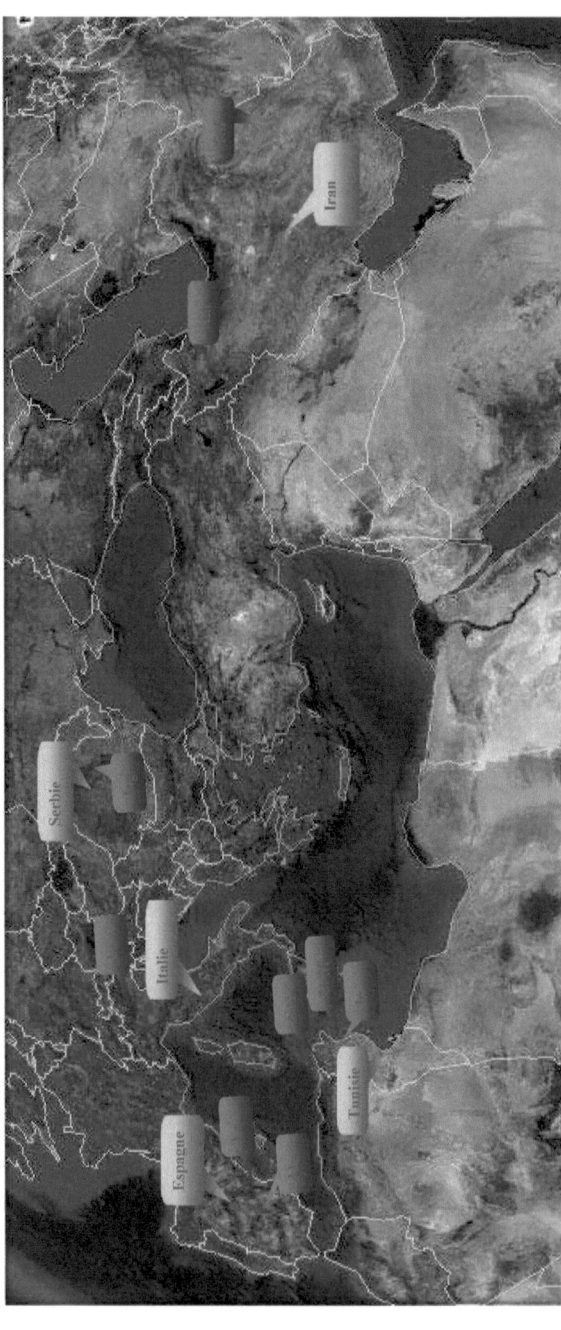

Figure 9. Site de collecte des échantillons de *P. persicae* (**C. M** : Chott Mariem (35°55'46. 71'N ; 10°33'06. 07''E, 14m), **Ja:** Jammel (35°36'57.16''N ; 10°33'59.58''E, 40m), **Va** : Valencia (39°22'45.80 ''N ; 19°24'21.26''E, 430m), **Vi** : Vicenza (45°35'18.59'' N ; 11°25'30. 52''E, 371m), **Mu** : Murcia (37°51'08.14''N ; 1°07 '55.47'' O, 192 m), Jag : Jagodian (45°57'36. 57'' N ; 21°15'44.70'' E, 254m), Taf : Taftan (28°34'13.59''N ; 60°59'52.77''E, 1489m). **S.T** : Sidi Thabet (36°54'50. 04'' ; 10° 02'09. 96''E, 11m). (Google Earth modifié)

66

2.2. Etude de la diversité génétique de *P. persicae*

2.2.1. Matériel biologique

L'étude de l'impact du site géographique et de la plante hôte sur la structure génétique de *P. persicae* a été conduite sur cette série de spécimens de l'aphide collectés des différents biotopes (Fig.10) et sur 4 espèces des plantes hôtes et conservés dans l'alcool 95% dans la collectiobn du laboratoire d'Entomologie de l'ISA de Chott Mariem tel que consigné dans le tableau 4. L'analyse moléculaire a été faite dans le laboratoire de génétique de l'Institut Cavanilles de Biodiversitat i Biologia Evolutiva, Universitat de Valencia.

Tableau 4. Informations sur les échantillons collectés pour l'analyse moléculaire

Hôtes	Localités	Régions	Dates
Pêcher	Sidi Thabet (Tunisie)	Ariana	Mars 2009
Pêcher	Sidi Thabet (Tunisie)	Ariana	Novembre 2009
Pêcher	Kairouan (Tunisie)	Kairouan	Septembre 2009
Amandier	Mahdia (Tunisie)	Mahdia	Mai 2008
Amandier	Sidi Alouane (Tunisie)	Mahdia	Décembre 2008
Pêcher	Werdanine (Tunisie)	Monastir	Avril 2010
Amandier	Jammel (Tunisie)	Monastir	Décembre 2009
Pêcher	Jammel(Tunisie)	Monastir	Mars 2010
Pêcher	Chott Mariem (Tunisie)	Sousse	Avril 2008
Pêcher	Kalaa. Kbira (Tunisie)	Sousse	Septembre 2009
Pommier	Akouda (Tunisie)	Sousse	Mars 2010
Prunier	Chott Mariem (Tunisie)	Sousse	Avril 2010
Amandier	Chott Mariem (Tunisie)	Sousse	Février 2008
Amandier	Taftan (Iran)	Taftan	Mai 2008
Amandier	Kardj (Iran)	Karadj	Mai 2008
Amandier	Serbie	Jagodina	1995
Amandier	Italie	Vicenza	Septembre 2010
Amandier	Espagne	Valencia	Aout 2010
Amandier	Espagne	Murcia	Mars 2009

2.2. Extraction de l'ADN

L'extraction des ADN de *P. persicae* a été réalisée suivant la méthode de Truett et *al.,* (2000). En effet, dans chaque tube de PCR, un seul individu a été placé et écrasé à l'aide d'une pipette stérile pour empêcher la contamination tout en ajoutant 30µl de NaOH, 25 mM EDTA- Na2. Les tubes ont été incubés à 95°C dans un thermocycleur durant 30 minutes, puis mis dans la glace. Un volume de 30 µl de Tris-HCl 20 Mm a été ajouté au produit pour obtenir une solution finale de volume de 60 µl de Tris-HCl 20 mM et EDTA 0,1 mM. Les tubes ont été placés dans une centrifugeuse (13000 tour/min durant 2 min) puis gardés à une température de l'ordre de (-20°C) jusqu'à l'utilisation. Cette analyse a concerné 3 individus pour chaque échantillon.

2.3. Amplification

L'amplification de deux fragments de gène analysé de l'aphide en question a été faite sur la base de 3µl d'ADN extraite. Les séquences de l'ensemble des amorces utilisées sont citées dans le tableau 5.

Tableau 5. Séquences des amorces utilisées en amplification d'ADN

Nom des amorces (gène)	Amorces séquences (5' à 3')	Utilisation
LCO1490 (COI)	GGTCAACAAATCATAAAGATATTGG	PCR/seq
HCO2198 (COI)	TAAACTTCAGGGTGACCAAAAAATCA	PCR/seq
OPSADF1 (LWO)	GGYGYWACYATTTTCTKCTTGGG	PCR
OPSADR1 (LWO)	GANCCCCAGATNGTAWATAATGG	PCR
OPSADF2 (LWO)	TGGTGATWTAYATATTTACCTGTAC	PCR/seq
OPSADR2 (LWO)	AATWGTCATTAAAGCYACYTTAGC	PCR/seq

Le fragment 710 bp de la région 5'à 3'de la sous unité du cytochrome C oxydase1 a été amplifié en utilisant les amorces LCO 1490 et HCO 2198 (Falmer et *al.*, 1994). Le déroulement de la PCR s'est effectué avec un réglage de la machine PCR suivant les conditions suivantes : 1 min à 94°C, 35 cycles à 94°C pendant 30 secondes, 1 min à 48°C, une étape d'extension finale de 7 min à une température de 68°C a été incluse après les cycles. De façon similaire, une amplification du gène Opsine (LWO) a été faite en utilisant les deux amorces OpsADF1 et OpsADR1 dans une première réaction du PCR dans les conditions suivantes: 1 min à 94°C, 35 cycles à 94°C durant 30 secondes, 1 min à 50°C et 1,5 min à 68°C. Aussi, une période d'extension finale de 7 minutes à 68°C a été incluse après un cycle. Une deuxième réaction de PCR a eu lieu en utilisant 1µl du PCR1 et deux amorces OpsADF2 et OpsADR2 dans les mêmes conditions que la PCR1. Seulement on utilise 52°C au lieu de

50°C. Après une durée totale d'environ 90 min, les tubes de la PCR ont été pris pour s'assurer de la présence de l'ADN par électrophorèse sur gel d'agarose.

2.4. Electrophorèse de l'ADN sur gel d'agarose

Cette technique permet la séparation des molécules en fonction de leur taille pour identifier des fragments d'ADN découpés, l'identification d'un gène ou d'établir des empreintes génétiques par Southern Blot. Elle consiste à la préparation du gel d'agarose par mélange de 7 µl d'ADN du puceron avec un µl du Buffer (GLB), au remplissage des puits du gel avec micropipette, au placement du support avec le gel chargé dans la cuve d'électrophorèse en positionnant les puits du coté de la cathode, puis par le remplissage de la cuve de tampon TBE. Par la suite, on procède à la migration du colorant de charge à proximité du gel (environ 30 minutes à 100 V pour un gel de 80 mm dans un mini cuve) (Fig.10). Enfin, l'alimentation est coupée. Le gel est récupéré et exposé à des rayonnements ultraviolets afin d'observer les bandes d'ADN fluorescentes.

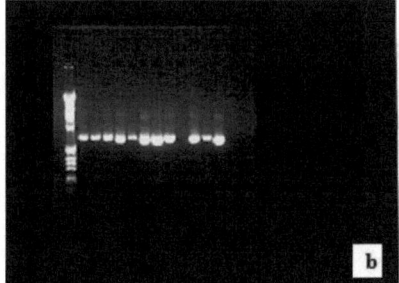

Figure 10 : Electrophorèse d'ADN sur le gel d'agarose

(a : migration de colorant à proximité du gel ; b : Bandes d'ADN fluorescentes)

2.5. Précipitation de l'ADN

La précipitation d'ADN consiste à ajouter 660 µl d'une solution de précipitation (80µl H_2O, 80µl NH_4OAc, 2µl NaCl , 500µl Ethanol absolue) à 40 µl d'ADN du PCR, à centrifuger la solution (13000 tours/min) pendant 15 min à une température de 25°C, à prélever le surnagent et additinner 300 µl d'éthanol 70%, à centrifuger pendant 5 min, à récupérer le surnagent et le sécher pendant 20 min dans une machine à vacuum. Par la suite, on ajoute 10 µl de LTE tampon (10 mM Triss, 0,1 mM EDTA). Enfin, on s'assure de l'existence de l'ADN par électrophorèse sur gel d'agarose (1µl de l'ADN, 1 µl de GLB et 7 µl de H$_2$O).

2.6. Séquençage et analyse des séquences d'ADN

Le séquençage direct des fragments amplifiés a été réalisé en utilisant les amorces citées dans le tableau (5) et le Big Dye terminator v3.1 tout en suivant les instructions du fabricant. Le chargement des échantillons a été fait sur un séquenceur ABI3700 automatisé. Par la suite, les chromatogrammes ont été révisés. Les séquences correspondantes à chaque échantillon du puceron ont été assemblées en utilisant le paquet Staden v1.6.0 (Staden et al., 2000). Un alignement multiple a été réalisé avec Clustal Xv 1.81 (Thompson et al., 2002). L'étude de l'évolution phylogénétique et moléculaire des échantillons analysés a été effectuée en utilisant le logiciel MEGA version 4 (Tamura et al., 2007).

3. Résultats

3.1.1 Caractère morphologique de l'adulte aptère

3. 1. Identification morphométrique de *Pterochloroides persicae*

L'étude de la morphométrie de l'adulte aptère s'est réalisée sur 30 individus de *P. persicae*. En effet, l'observation du corps de l'insecte révèle une coloration commune brune assez foncée avec un corps pyriforme, assez trapu et globuleux. Les résultats des mesures morphométriques, après observation microscopique, sont récapitulés dans le tableau de l'annexe 1. Le corps de longueur et de largeur moyenne de 4,085±0,02 et 2,74±0,014 mm respectivement. En ce qui concerne la tête, elle porte une paire d'antenne de 6 articles, la longueur moyenne totale dépasse 1,6 mm dont le 3ème article est le plus long par rapport aux autres articles (dépasse le 1/3 de la longueur totale de l'antenne). La base du 6ème article est presque trois fois plus longue que le fouet (Fig.11 B). Des sensoria primaires sont observés sur le 5ème et le 6ème article (un sensoria sur chaque article) alors que les sensoria secondaires sont sur les 3ème et 4ème articles et sont au nombre maximal de 11 et 5 respectivement (Fig. 11 A ; Annexe 1).

L'observation de la région moyenne (Thorax) révèle la présence de 3 paires de pattes dont la coloration est jaune claire et devient brune foncée au niveau des articulations. La patte postérieure est plus longue par rapport aux deux premières paires de patte et mesure environ 7 mm (Fig. 11 C). Le fémur et le tibia sont les deux articles les plus longs (Annexe 1).

70

Concernant l'abdomen, il est orné dorsalement au maximum de 7 rangées sclérites marginaux et 7 rangées de scléroites. Les cornicules (Fig. 11 D) sont de longueur moyenne de 0,148±0,12 mm. La cauda (Fig.11 E) est de longueur moyenne de 0,172 ±0,026 mm et porte au maximum 18 soies.

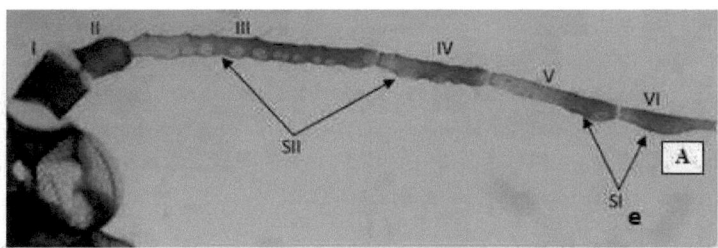

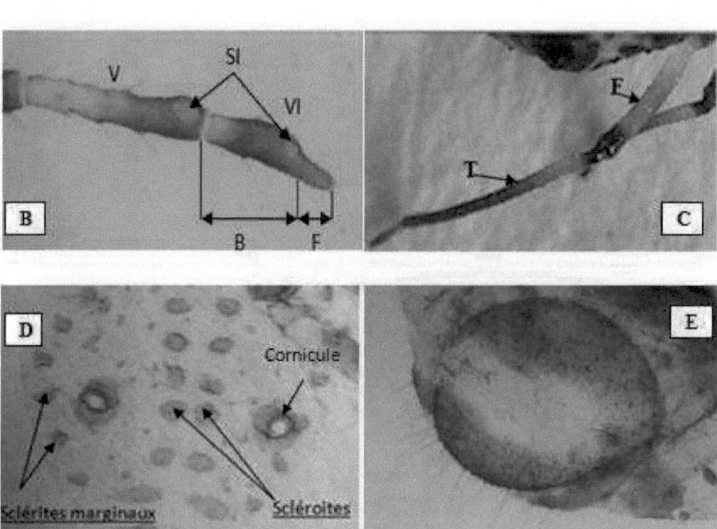

Figure 11: Caractères morphologiques de *Pterochloroides persicae*

(A: détail de l'antenne de *P. persicae*, B : Vème et VIème   article antennaires, C: Patte postérieure, D : cornicule, E : cauda, S.I : sensoria primaire, S.II : sensoria secondaire, B : Base, F : Fouet, Fe : Fémur, T : Tibia) (Grossissement : 400x), Echelle : 1 cm =0,01 mm

3.1.2. Caractères morphologiques de l'adulte ailé:

L'observation de 30 individus ailés de *P. persicae* montre une couleur brune foncée, de taille moins importante que celle de l'aptère dont la longueur et la largeur sont de 3,90±0,41 et 1,74±0,018 mm, respectivement (Fig.12 et Annexe 1). Nous avons remarqué que l'antenne de l'ailé est plus effilée et portant plus des sensoria que celle de l'aptère au niveau des 3ème et 4ème articles, de 12,34±2,21 et 4,22±0,66 respectivement (Fig. 13). Sur l'abdomen, les nombre de paire sclerites et scléroites sont dans la majorité des cas inférieurs à ceux de l'aptère. Ils sont généralement de 6 paires. Les cornicules et la cauda sont de longueur inférieure à celle de l'aptère, ils mesurent 0,134±0,034 et 0,143±0,222 mm respectivement. La cauda est généralement munie d'un nombre moyen de soie (13,8±2,19).

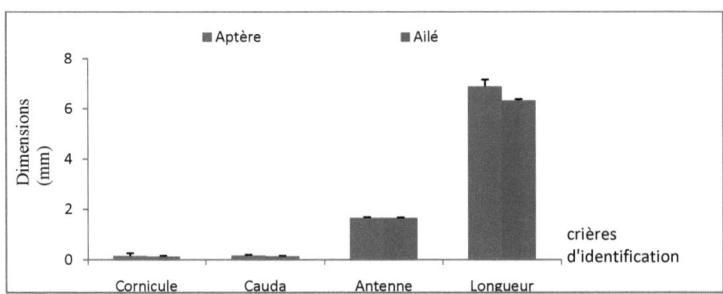

Figure 12 : Longueur du corps, de la cornicule, de la cauda et des antennes des adultes aptères et ailés de *P. persicae*

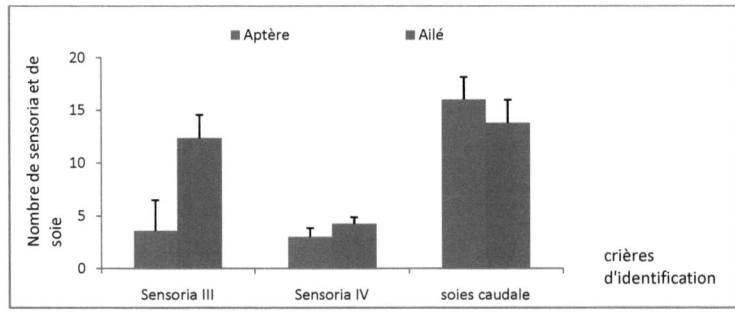

Figure 13 : Nombre de sensoria secondaire et des soies caudales des adultes aptères et ailés de *P. persicae*

72

3.1.3. Critères morphologiques des stades juvéniles

L'étude de la morphométrie des jeunes stades montre une taille qui varie d'un stade à autre (Annexe 1), un aspect corporel moins trapu, la couleur vire du jaune au brun clair à brun. En plus, les larves sont caractérisées par un rostre long atteignant ou même dépassant l'extrémité du corps (Fig.14 a et b).

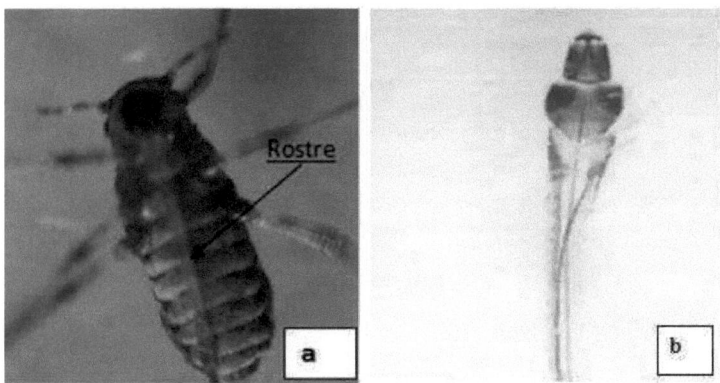

Figure 14 : 1er stade larvaire de *Pterochloroides. persicae* (a : in toto, b : montage du rostre)

(Grossissement 400 x)

L'observation microscopique des deux premiers stades larvaires confirme la présence d'une paire d'antenne à 5 articles dont la base est presque 2 fois plus longue que le fouet. Chez les deux premiers stades, nous notons l'absence des sensoria primaires et secondaires (Fig. 15 E et F). De plus, les mesures de la cauda et des cornicules révèlent une taille de 0,088±0,002 et 0,087±0,034 respectivement pour le premier stade larvaire et de 0,136±0,011 et 0,091±0,002 respectivement pour le deuxième stade. Nos résultats montrent aussi une variabilité du nombre des soies qui oscillent de 2 à 4. A partir du 2ème stade larvaire, une deuxième mue donne un troisième stade larvaire aptère ou un troisième stade larvaire avec ébauche alaire appelé nymphe. La première subit une troisième mue pour donner un 4ème stade larvaire qui se métamorphose en adulte aptère. Par contre, la nymphe subit une troisième mue donnant une deuxième nymphe qui évolue après métamorphose en adulte ailé. En ce qui concerne le 3ème et le 4ème stade larvaire, le nombre des articles antennaires passe de 5 à 6 (Fig. 15 C et D).

Nous remarquons l'apparition des sensoria primaires de forme variable sur le 5ème et 6ème articles. De plus, nous constatons un allongement du 3ème article antennaire plus important par rapport aux autres articles (Annexe 1). En ce qui concerne les deux stades nymphaux, leurs longueurs sont de 3,48±0,021 et 3,56±0,25 mm, respectivement. L'antenne est composée de 6 articles avec une longueur moyenne de 1,465±0,01 et 1,508± 0,04 mm respectivement. Le nombre de soies caudales est de 11,62±1,2 et 12,75±1,25 pour N3 et N4.

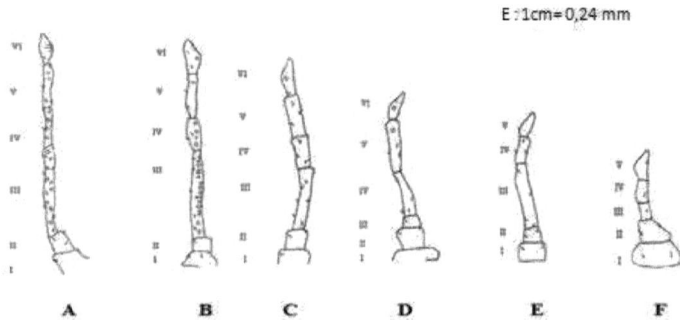

E : 1cm= 0,24 mm

Figure 15 : Représentation schématique des antennes de différents stades de développement de *P. persicae* (**A** : adulte aptère, **B**: adulte ailé, **C, D, E** et **F** : 4ème, 3ème, 2ème et 1er stade larvaire).

L'étude de l'évolution de la longueur du corps, de l'antenne, de la cornicule, de la cauda montre une augmentation des organes locomoteurs et sensoriels et une croissance corporelle allométrique en relation avec l'âge (Fig.16 et 17). Le calcul de coefficient de corrélation linéaire entre l'évolution de la longueur du corps et l'évolution de la longueur des antennes au cours de développement larvaire montre une forte corrélation (0,98) entre ces deux variables. De même, une corrélation étroite est enregistrée entre l'évolution de la longueur de la cornicule et la longueur du corps de *P. persicae*. Cette corrélation est de 0,83. Egalement, nous avons noté une corrélation forte (0,90) entre la longueur de cauda et la longueur de la cornicule. Une corrélation forte et négative s'enregistre aussi entre l'évolution de longueur du cauda et la longueur du corps (-0,53).

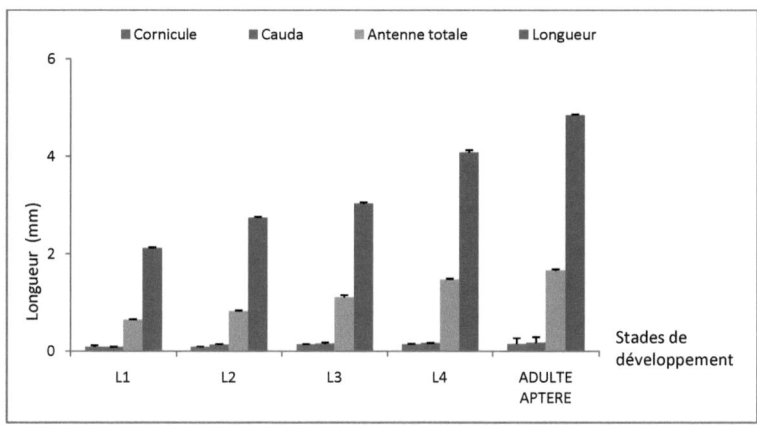

Figure 16 : Evolution de la taille du corps et des organes sensoriels en fonction des stades du développement de *P. persicae.*

(L1, L2, L3 et L4 : premier, deuxième, troisième et quatrième stade larvaire)

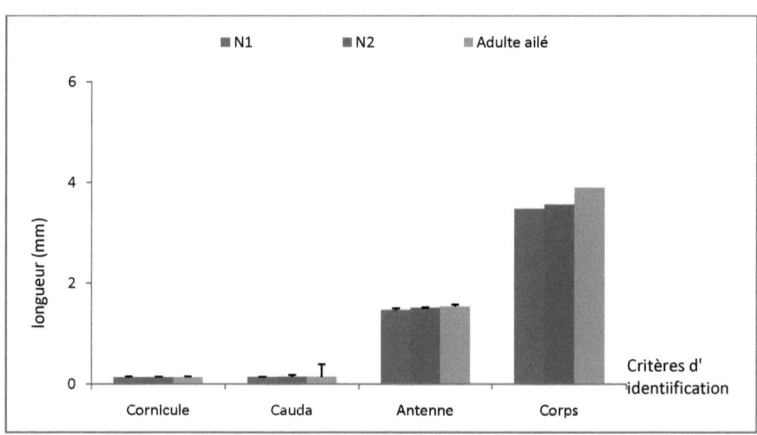

Figure 17: Cornicule, cauda, antenne et longueur du corps des stades de développement de *P. persicae* (N1 : Nymphe 1, N2 : Nymphe 2)

3.1.4. Effet de la plante hôte et du site d'infestation de pêcher sur la morphométrie de *P. persicae*

Le tableau dans l'annexe 2 récapitule la morphométrie de *P. persicae* collecté à partir des populations sur des rameaux de pêcher, d'amandier et de prunier. En effet, 180 individus adultes aptères et ailés ont étés observés sous microscopes et différentes mesures ont été faites. Pour les aadultes aptères, l'analyse de la variance a montré que la plante hôte affecte la taille de l'insecte. D'ailleurs, la longueur du corps de *P. persicae* issue des populations sur pêcher est significative (f=9,12; P=0,05) comparativement à ceux des échantillons collectés d'amandier et du prunier. Par contre, aucune différence n'a été signalée entre la longueur des individus collectés d'amandier et de prunier. Outre, une différence significative est observée au niveau de la largeur des individus issus du prunier et du pêcher (f=7,41; P=0,05) comparativement à la largeur des individus pris d'amandier (Fig. 18 et Annexe 2). Révélons également que la plante hôte n'a aucun effet significatif sur le reste des paramètres étudiés (Annexe 2). Concernant les ailés, une différence significative de longueur du corps des individus issus de pêcher et de prunier (f=7,04; P=0.05) par comparaison aux longueurs des insectes en provenance de l'amandier a été rapporté. Nous ne notons aucune différence significative pour les restes des paramètres (Annexe 2).

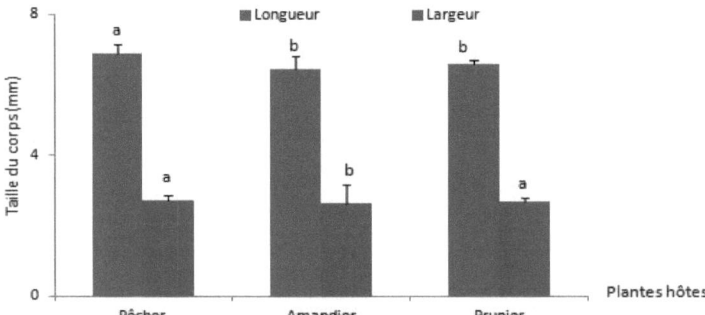

Figure 18 : Variation de la taille de *Pterochloroides persicae* en fonction des plantes hôtes

Les moyennes indiquées par les mêmes lettres ne sont pas significativement différentes selon le test Duncan à P<0.05

En revanche, en ce qui concerne l'effet du site d'attaque de l'insecte sur la plante hôte, nos résultats (Annexe 3) permettant de comparer les paramètres de la morphométrie des individus

76

de *P. persicae* collectés à partir des racines, tiges et branches n'ont révélé aucune différence entre les différents paramètres de la morphométrie des individus étudiés. Il est intéressant de signaler qu'uniquement la taille des individus collectés près des racines

semble être plus importante de 6,93±0,24 mm de longueur par rapport à ceux pris des tiges et des branches de longueur de 6,84±0,16 et 6,89±0,01 mm respectivement (Annexe 3).

3.1.5. Répercussion de la répartition géographique sur la morphométrie de *P. persicae*

Les résultats montrent l'effet de la répartition géographique sur la variation de la morphométrie de *P. persicae* aptère (Annexe 4). Il en ressort que les individus pris de l'amandier de la région de Murcia (Espagne) ont la taille la plus importante avec la longueur et la largeur moyenne du corps sont les plus élevées (4,76±0,53 et 2,87±0,176 mm respectivement) comparées aux différents échantillons. Ceux de la Tunisie ont la longueur la plus réduite (4,085±0,02 mm) alors que ceux de l'Italie sont les moins larges (2,60±0,22 mm). En effet, l'analyse de la variance révèle une différence significative (f= 4,26; P=0,05) de longueur entre les échantillons collectés de la Tunisie en comparaison avec la longueur de ceux collectés de l'Iran, de l'Espagne, de la Serbie et de l'Italie (Annexe 4). En revanche, la largeur des insectes est différente entre les échantillons en provenance de l'Italie par rapport à l'ensemble des échantillons analysés (f=83,57; P=0,05).

Concernant les ailés, 37 individus issus des différents pays (Annexe 5) ont été analysés. Il en ressort une coloration commune, une taille presque similaire avec une longueur plus importante (4,27±0,84 mm) enregistrée pour les morphes ailés en provenance de l'Espagne (Valencia). Nos résultats même fragmentaires, nous permettent de prédire que le site géographique n'a pas d'effet sur le morphe ailé de *P. persicae*

3.2. Identification moléculaire de *P. persicae*

3.2.1. Analyses des séquences mitochondriales COI

Une amplification d'un fragment d'ADN 710 bp contenant une portion du gène mitochondriale COI par des réactions PCR à partir de 19 échantillons de *P. persicae* analysés. Des séquences identiques ont été obtenues à partir de 3 individus de chaque échantillon. Une seule séquence est attribuée et déposée dans la banque de gène avec les numéros des accessions JN644628 à JN644646. Après avoir enlevé les amorces utilisées dans les réactions PCR, les séquences utiles à partir de chaque échantillon de puceron se composaient de 658 nucléotides. Deux haplotypes différents ont été identifiés sur *P. persicae* dans la présente enquête. En utilisant l'identification disponibles en ligne au ' Barcode of Life Data Systems (BOLD) (Ratnasingham et Hebert, 2007), nous n'avons pas réussi à trouver un enregistrement correspondant à toutes les espèces identifiées qui correspondent à nos séquences. Cependant, lorsque nous avons construit un arbre phyllogénétique en utilisant des séquences COI des pucerons représentatifs des sous-familles différentes disponibles à la base des données NCBI, nos séquences sont toujours regroupées au sein d'un clade (Branche) monophylétique ainsi que des autres Lachninae représentatifs (Fig. 19).

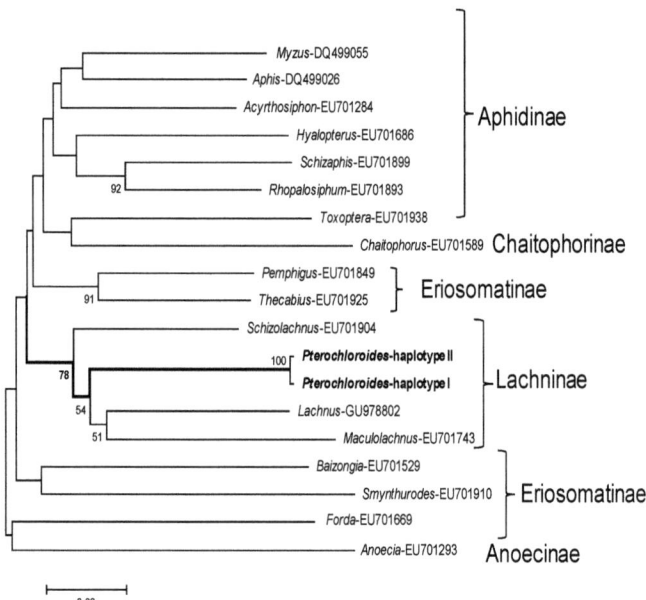

Figure 19: Arbre phyllogénétique utilisant les distances K2p des différentes séquences COI à partir des espèces des pucerons représentatives des sous familles obtenus à partir de la base des données incluant les séquences de deux haplotypes de *P. persicae*.

(Les chiffres sur les branches correspondent aux pourcentages du support bootstrap après 1000 réplications. Les noms des genres des pucerons suivis par les numéros d'accession des séquences particulières utilisées sont indiqués. Le clade contenant nos séquences est indiqué comme Lachninae).

De ce fait, nos résultats montrent que nous avons amplifié et séquencé des véritables séquences de *P. persicae*. Les deux haplotypes COI au sein de nos échantillons diffèrent dans une seule position du nucléotide (position 322 de 658 bp qui ont été inclus dans l'analyse (Fig.20).

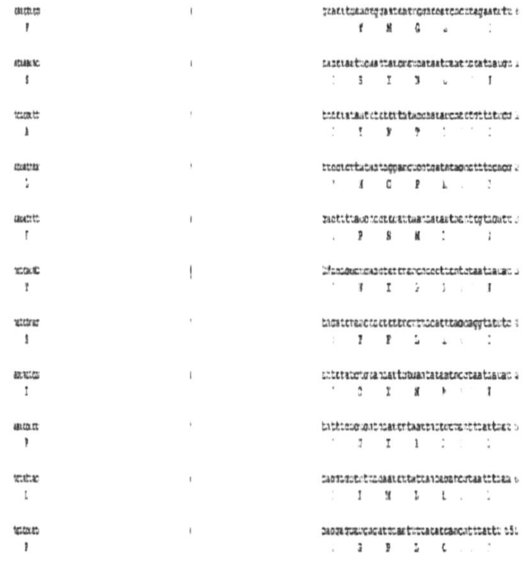

Figure 20 : Séquence nucléotidique et translation de nucléotide 658 correspondent à la séquence utilisée du gène mitochondrial COI analysé.

(La séquence représentée correspond à l'haplotye I. Le nucleotide 322 (et l'acide amine correspondant) impliqués dans le polymorphisme trouvé est indiqué en gras. Le nucléotide alternatif présent sur l'haplotype II à la position 322 est indiqué).

Cette différence correspond à la troisième position d'un codon glycine qui, par conséquent, constitue une substitution silencieuse. Il n'y avait pas de corrélation entre haplotype et la plante hôte utilisée par *P. persicae* et ni entre l'haplotype et l'origine géographique. De plus, la relation entre la date de collecte et haplotype est évidente pour les échantillons collectés de la Tunisie (après test Khi2). Tous les échantillons pris au printemps et à la fin de l'hiver sont de type haplotype I quelle que soit la plante hôte et la localité. Par contre, toutes les collectes en automne sont haplotype II (Tableau 6).

Tableau 6 : informations sur les échantillons des pucerons utilisés dans la présente analyse. La dernière colonne indique l'haplotype des séquences mitochondriales

[1] Code utilisé pour chaque échantillon utilisé, [2] Localité (Pays), [3] Governorat des localités Tunisiennes, [4] Mois et

Echantillon[1]	Hôte	Localité[2]	Région[3]	Date[4]	Collecteur[5]	COI haplotype
TuST-P-1	Pê	S T (Tun)	Ariana	Mars 2009	ML	I
TuST-P-2	Pê	S T (Tun)	Ariana	Novembre 2009	ML	II
TuKr-P-1	Pê	Kai (Tun)	Kairouan	Septembre 2009	ML	II
TuM-A-1	Am	Ma (Tun)	Mahdia	Mai 2008	ML	I
TuSA-A-1	Am	S A (Tun)	Mahdia	Décembre 2008	ML	II
TuW-P-1	Pê	Wer (Tun)	Monastir	Avril 2010	ML	I
TuJm-A-1	Am	Ja (Tun)	Monastir	Décembre 2009	ML	II
TuJm-P-1	Pê	Ja (Tun)	Monastir	Mars 2010	ML	I
TuCM-P-1	Pê	C M (Tun)	Sousse	Avril 2008	ML	I
TuKl-P-1	Pê	Ka. K (Tun)	Sousse	Septembre 2009	ML	II
TuAk-Ap-1	Po	Ak (Tun)	Sousse	Mars 2010	BHKM	I
TuCM-Pl-1	Pr	C M (Tun)	Sousse	Avril 2010	ML	I
TuCM-A-1	Am	C M (Tun)	Sousse	Février 2008	ML	I
IrTf-A-1	Am	Taf (Iran)	Taftan	Mai 2008	BHKM	I
IrKd-A-1	Am	Kar (Iran)	Karadj	Mai 2008	GR	I
Ser-A-1	Am	Ser	Jagodina	1995	OPO	I
Ita-A-1	Am	Ita	Vicenza	Septembre 2010	PC	I
SpVal-A-1	Am	Es	Valencia	Aout 2010	DMT	I
SpMu-A-1	Am	Es	Murcia	Mars 2009	ALP	I

année,[5] ML, Mdellel Lassaad; BHKM, Ben Halima Kamel Monia; GR, Georges Remaudiere; OPO, Olivera Petrovic Obradovic; PC, Piero Cravedi; DMT, David Martinez-Torres; ALP, Alfredo Lacasa Plasencia. Pê : pêcher, Am : Amandier, Pr : prunier, Po : pommier, ST :Sidi Thabet, C M : Chott Mariem, Ja : Jammel, Ak : Akouda, Ka K : Kalaa Kébira, Kai : Kairouan, Ma : Mahdia, S A : Sidi Alouane, Wer : Werdanine, Taf : Taftan, Kar : Karadj, Ser : Serbie, Ita : Italie, Es : Espagne.

3.2.2. Analyse des séquences du gène opsine

Un fragment 1060 pb d'ADN a été amplifié à partir de tous les échantillons. Après avoir enlevé les amorces et les bases de mauvaise qualité de la terminaison des séquences, 1015 nucléotides ont été laissés pour analyse. Une recherche BlastN à la base des données NCBI nucléotidiques a montré que nos séquences étaient identiques à 100% à *P. persicae*. La longueur d'onde des séquences du gène opsine disponibles à la base des données (numéro d'accession FM1174687). Aucune différence n'a été soulignée entre les échantillons de ce gène nucléaire et par conséquent, aucune analyse supplémentaire n'a été faite.

4. Discussion et conclusions

Ce chapitre vise à préciser la morphologie des différents stades de développement de *P. persicae,* d'étudier les impacts de la plante hôte et des aires de répartition géographique sur la morphométrie par mesure des différents paramètres et d'analyser la phyllogénie de *P. persicae*. Une description des différents stades de développement est abordée dans une première étape. Pour expliquer l'effet de la plante hôte et le site géographique sur la variabilité morphométrique et moléculaire de *P. persicae*, nous avons opté à une étude comparative de quelques paramètres morphométriques des échantillons de *P. persicae* collectés à partir de plusieurs espèces végétales des différentes régions de la Tunisie et d'autres pays. De même une analyse moléculaire a été faite. Il en résulte une morphométrie variable d'un stade larvaire à un autre, une légère variabilité morphométrique entre les individus pris des différentes plantes ainsi que pour les individus en provenance de différents pays. De plus, les analyses moléculaires ont révélé la présence de deux haplotypes de *P. persicae* présents en Tunisie.

4.1. Caractères morphologiques de *P. persicae* en fonction du stade biologique

Cette caractérisation a permis de constater que la coloration de l'insecte passe du jaune claire au brun foncé en fonction du stade de développement de l'insecte. Une croissance allométrique en fonction de l'âge de l'insecte a été constatée pour les mesures de la longueur des individus, des antennes, des cornicules et de la cauda. Elle atteste aussi que seuls les deux premiers stades larvaires sont pourvus d'une paire d'antenne à 5 articles. A partir de 3ème stade larvaire, les antennes de l'insecte sont constituées de 6 articles. Cette croissance en nombre des articles a été observée par Lykouressis (1983) lors de l'identification de différents stades larvaires de *S. avenae*. L'auteur explique que l'article antennaire supplémentaire apparait par la division du 3ème article avant de passer au 3ème stade larvaire et donne le 4ème article de l'antenne. Pour les larves, nos résultats concordent avec ceux d'El Trigui *et al.* (1989). Ces auteurs, ont révélé une similitude concernant la couleur des jeunes larves qui sont légèrement moins foncées, les larves du 1er et de 2ème stades ont des antennes de 5 articles où le troisième article parait nettement plus long que les autres et semble se cloisonner en deux lors des prochaines mues. Ainsi, les larves de 3ème et de 4ème stades ont comme les adultes des antennes à 6 articles bien différenciés. De même, El-Trigui et *al.*, (1989) ont mentionné des valeurs pour la longueur des articles antennaires similaires à ceux obtenus de 0,69; 0,78; 1 et 1,16 mm pour les quatre premiers stades larvaires de façon respective. De plus, il a été constaté l'apparition des sensoria primaires au niveau de 5ème et de 6ème articles antennaires à partir de 3ème stade larvaire. Une augmentation de nombre des soies caudales et une apparition des sensoria secondaires pour les stades adultes aptères et ailés se sont considérées. Ces résultats soulignent une similitude avec la description des adultes aptères et ailés signalée par Darwich et *al.*, (1989), Blackman and Eastop (2000) et Jerraya (2003). Ces auteurs prouvent que l'adulte aptère est pyriforme, brun-terne, mesurant 4 à 5 mm, ayant une tête portant des antennes poilues et ayant six articles munis d'organes sensoriels plus nombreux sur le 3ème et le 4ème articles antennaires. Concernant la longueur des antennes, El Trigui *et al.* (1989) ont mentionné qu'elle est de l'ordre de 1,36 mm. Quant aux ailés, les mêmes auteurs soulignent qu'ils sont plus petits que les aptères et se caractérisent par des antennes plus effilés, d'une longueur de 1,33 mm et portant plus des sensoria.

4.1.1. Effet de la plante hôte sur la morphologie de *P. persicae*

La présente étape vise à étudier l'effet de la plante hôte sur les caractères morphologiques de *P. persicae*. Nous avons comparé différents paramètres de la morphométrie de l'aphide. Nos résultats ont permis de constater que la plante hôte affecte significativement la taille de l'insecte qui varie d'une plante à une autre. Ceci révèle une similitude avec ceux obtenus par Blackman (1987) qui a montré que la morphométrie de *M. persiace* collecté sur tabac diffère de celle collecté sur pêcher et sur piment. Pareillement, l'effet de la plante hôte sur la morphométrie de *R. padi* et *Rhopalosiphum insertum* a été signalé par Lazzari et Vegtlin (1993) qui ont révélé que la plante hôte aussi bien que la température ont un effet sur les caractères morphologiques de ces deux espèces. Dans une étude comparative plus récente des caractères morphologiques de *M. persicae* collectés des populations sur pêcher et sur tabac en provenance de 13 localités différentes de la Serbie et de Monténégro a montré une différence significative de la taille de l'insecte (Vucetic et *al.*, 2010). Les auteurs ajoutent qu'une différence significative se consigne au niveau de la longueur des articles du rostre et du fouet. Similairement, Margaritopoulos et *al.* (2003 et 2007) ont prouvé une morphométrie différente de *M. persicae* collecté du pêcher et du tabac de l'Italie, de Mangole et du Japon. Hampson et Madge (1986) ont révélé qu'une différence morphologique de populations migrantes de *M. persicae* colonisant le pêcher s'observe au printemps. Les mêmes observations ont été signalées par Agarwala et *al.*, (2009). Ces auteurs ont observé que *Lipaphis pseudobrassicae* Kaltenbach (Hemiptera, Aphididae) collecté de *Brassica campestris* L. et *B. juncea* L. sont de taille et de poids plus importants que celui collecté de *Rorippa indica* (L).

4.1.2. Effet du site géographique sur la morphométrie de *P. persicae*

Ce volet nous a permis de déduire que la taille de l'insecte varie en fonction du biotope particulièrement la largeur et la longueur de *P. persicae*. Nos résultats concordent avec ceux de Hampson et Madge (1986) qui ont montré que le coefficient de variation des mesures morphométriques du *Phorodon humili* Schrank (Hemiptera, Aphidiae) diffère entre les sites.

4.2. Identification moléculaire de *P. persicae*

Nous avons présenté les résultats d'une enquête visant à acquérir des connaissances sur la variabilité de *P. persicae* en Tunisie et d'autres (principalement) emplacements méditerranéens en utilisant des séquences moléculaires. Notre étude a révélé un polymorphisme simple nucléotide en position 322 sur un total de 658 nucléotides analysés pour le gène mitochondrial COI qui a cédé deux haplotypes. L'haplotype I ayant une base azoté de type thymine (T) et un haplotype II ayant une base azoté de type cytosine (C) à cette position. Ce polymorphisme est une transition silencieuse, sa présence dans nos échantillons ne peut pas être interprétée comme entrainant des différences entre les pucerons électives ayant des haplotypes de remplacement, mais plutôt comme un résultat de la dérive génétique ou d'autres procédés non sélectifs, ou à la suite de l'auto-stop sélective en agissant sur un locus différent. La seule différence entre les nucléotides haplotypes I et II (15% de divergence) et dans la plage de variation interspécifique moyenne décrite pour le fragment COI (Foottit et *al.*, 2008). Cependant, nous avons observé une correspondance entre la date de l'échantillonnage et l'haplotype COI. Bien que tous les pucerons échantillonnés de la Tunisie collectés au printemps (ou fin d'hiver) soient d'haplotype I, ceux qui sont recueillis en automne étaient haplotype II et ce fut indépendamment de l'emplacement géographique ou de la plante hôte. En outre, dans les localités dans lesquelles l'échantillonnage a été répété (exemple Sidi Thabet et Jammel), (Tableau 6), les séquences du printemps et d'automne obtenus aboutissent à des haplotypes I et II respectivement. Lorsque nous considérons la zone de prélèvement, dans les quatre régions tunisiennes dans laquelle des échantillons de printemps et d'automne ont été analysés (toujours à partir de localités très proches), les deux haplotypes : le I et le II ont été également observés (Tableau 6). Nous distinguons deux principales saisons distinctes: une saison humide et fraîche à peu près s'étalant d'Octobre à Mai et une saison chaude et sèche de Mai à Septembre. Par conséquent, au moins pour les échantillons tunisiens, il semble y avoir une apparition rapide d'un haplotype qui coïncide avec le changement de saison. Les pucerons en provenance d'autres pays méditerranéens et de l'Iran sont tous du type haplotype I. Bien que l'échantillonnage limité empêche de faire toute déclaration forte, ce serait en accord avec une expansion rapide d'un clone successif de *P. persicae* (ou un nombre limité de variantes génétiques) tout au long de la région Méditerranéenne décrite par différents auteurs (Blackman et Eastop, 1994, Nieto Nafría *et al.* 2002). Des échantillons supplémentaires provenant de ces régions et de l'Iran des différentes saisons sont évidemment nécessaires. Nos résultats sur les séquences COI, du moins pour les échantillons tunisiens, montrent la présence de deux races maternelles qui alternent le long de l'année, dont une spécialement abondante pendant la saison chaude et sèche (haplotype I) qui, la plupart du temps, est remplacé par une lignée seconde (haplotype II) pendant la saison froide et humide. Ces deux lignées maternelles pourraient représenter deux lignées clonales spécialement adaptées aux conditions des différentes saisons. À cet égard, il convient de noter qu'une étude sur les effets de la phénologie de la plante hôte sur la dynamique des populations de *P. persicae* a révélé des changements dans la localisation des colonies de pucerons le long des arbres infestés par les pucerons détectés principalement dans les racines et le collet pendant la saison froide et humide, mais présents dans le tronc et les branches au cours de la période chaude (Mdellel et *al.,* 2011). Bien que n'étant pas incompatible avec la première hypothèse, la variation moléculaire observée pourrait aussi être interprétée en termes de différences dans les cycles de vie développés par les pucerons des deux haplotypes maternels. Bien que *P. persicae* ait été décrite comme une espèce à l'origine holocyclique dans des régions plus froides (Blackman et Eastop, 1994), son expansion vers les régions méditerranéennes les plus chaudes serait principalement accomplie par des lignages en développant un moyen de vie anholocyclique (Blackman et Eastop, 1994, Kairo et Poswal, 1995 et Khan, 1998). Dans ce sens, les tentatives de trouver des œufs d'hiver en Tunisie, ont échoué (Mdellel et *al.,* 2011). Par conséquent, l'élargissement de son aire de répartition serait probablement accompli par les populations anholocycliques. Cependant, l'observation d'une succession temporelle, même au sein d'une seule localité, de deux haplotypes de *P. persicae* limitée à une saison particulière pourrait être interprétée dans le contexte de la variation du cycle de vie. Néanmoins, l'interprétation ne semble pas être simple. Une hypothèse est que l'haplotype II, clairement minoritaire, pendant la saison chaude, correspondrait à une lignée anholocyclique qui peut continuer à reproduire par parthénogenèse vivipare au cours de la saison fraîche, alors qu'il serait présent un seul comme haplotype I holocyclique surtout disparaissent sous la forme des œufs d'hivers. L'éclosion des œufs au printemps suivant serait haplotype I. A partir de nos données, nous ne pouvons pas conclure que la variation observée COI représente la succession de deux autres (susceptibles clonale) lignées maternelles proches qui s'adaptent à différents états tels que la phénologie des arbres du genre *Prunus* ou peut être, au lieu (ou en plus) liés à la variation de cycle de vie du puceron. La variation moléculaire en fonction des saisons a été rapportée chez d'autres espèces à la fois comme un résultat de la sélection des variantes clonales et à la suite de la variation du cycle de vie (Loxdale, 2010, Loxdale *et al.*, 2011). Quel que soit le cas, il semble clair qu'il est difficile d'expliquer par le seul hasard le fait que les cinq échantillons prélevés à l'automne sont tous hapotype II. Il semble que l'haplotype I est assez répandue dans toute la région méditerranéenne (par exemple plus de 4500 km de distance séparant les sites d'échantillonnage (Espagne et Iran). Contrairement si l'haplotype II était aussi abondante dans une région donnée, il serait difficile d'expliquer pourquoi il n'a jamais été détecté dans les échantillons prélevés au printemps dans toute la zone d'étude. Il est évident qu'un échantillonnage plus intense dans les deux saisons est nécessaire afin d'avoir une image plus définitive du degré d'association entre l'haplotype COI et de la saison avec des expériences visant à caractériser le type de cycle de vie développé par les pucerons des deux haplotypes alternatifs.

En résumé, l'ensemble des résultats obtenus ont permis de déduire que la morphologie et la structure génétique de *P. persicae* sont légèrement affectées au cours de la dispersion de l'insecte d'un site géographique à autre et d'une plante hôte à autre. De la même manière, Abdellah et *al.*, (2012) en étudiant la diversité génétique de 101 échantillons d'un nouveau ravageur qui invasie les palmiers dattiers en Tunisie (*Oryctes agamemnom* Burmeister (Coleoptera : Scarabaedae)) récoltés de 7 oasis et sur deux variétés différentes de palmier dattier n'ont enregistré aucune différence génétique en fonction de la plante hôte ou des biotopes. Par contre, Bouktila et *al.*, (2012) ont révélé l'influence de la région de distribution et le climat sur la diversité génétique des populations de *Phyllocnistis citrella* Stainton (Lepidoptera : Gracillariidae) récoltés de 8 biotopes de la Tunisie. En Chine, l'étude de la diversité génétique de *S. avenae* a montré l'influence de la répartition géographique de l'insecte sur la structure génétique du ravageur dont les populations du nord sont génétiquement différentes de celles du sud. Ainsi, on en déduit que la plante hôte et le lieu de dispersion du ravageur peuvent, dans certains cas, influencer le polymorphisme de l'insecte. Pour *P. persicae*, vu la variation faible de la morphologie aussi bien de la structure génétique, il s'est avéré nécessaire de vérifier les effets des plantes hôtes ainsi que la variation des facteurs climatiques par changement du biotope sur la biologie de *P. persicae*. Ainsi, nous avons entamé cette approche par une étude de la biologie du puceron brun dans différents climats et sur différentes plantes hôtes.

Chapitre 2

Particularités biologiques de *Pterochloroides persicae* Cholodkovsky 1899 (*Hemiptera, Aphididae*) en Tunisie

1. Introduction

En Tunisie, le puceron brun de pêcher est l'un des ravageurs qui se nourrissent de la sève du phloème et se fixent sur les organes aoutés des arbres fruitiers du genre *Prunus* (El-Trigui et El-Shérif, 1989 et Jerraya, 2003). Cet aphide est largement répandu en Tunisie attaquant surtout le pêcher, l'amandier, le prunier et l'abricotier (El-Trigui et El-Shérif, 1989; Jerraya, 2003 et Ben Halima Kamel et Ben Hamouda, 1998, 2004 et 2005). Ce Lachninae, comme tous les pucerons, présente des degrés divers de spécialisation avec ses hôtes (Dixon, 1998 et Frédéric et *al.*, 2006). Cette spécialisation fait qu'ils sont considérés de redoutables ravageurs des cultures dans le monde. Ils endommagent les tissus végétaux par la succion de la sève et l'injection des toxines ou des virus phytopathogènes (Dixon, 1998). En effet, *P. persicae*, au cours de sa quête alimentaire, devrait maximiser le gain de nutriment tout en minimisant les risques touchant leur survie (Hassel et Southwood, 1978). La qualité de la nourriture est essentielle à la performance biologique. D'ailleurs, les feuilles riches en protéines et en glucides augmentent fortement la croissance larvaire. Par conséquent, les pucerons devraient être en mesure de sélectionner le feuillage de meilleure qualité en fonction de leurs besoins nutritionnels. L'ensemble de ces besoins se présentent sous forme de substances qui seront digérées grâce à un système digestif complexe et rejetés à l'extérieur sous forme de miellat tout en conservant des éléments nutritifs essentiels à la survie et au développement de l'aphide (Fisher et *al.*, 1984). Toutefois, il est à signaler que le puceron a une sensibilité particulière vis-à-vis du profil des éléments minéraux au niveau de leur plantes hôtes (Dixon, 1998 et Karley et *al.*, 2002) qui peut être responsable de sa migration, de sa dispersion et joue un rôle important dans sa biologie (Dixon, 1998; Bultman et Bell, 2003 et Thi Thuy et *al.*, 2007). Il s'agit d'une relation étroite avec leur plante hôte dont l'excès ou le déficit en aminoacides et en carbohydrates au niveau de la sève du phloème marque un déséquilibre nutritionnel pour l'insecte (Garg et *al.*, 2001). Cependant, l'effet des facteurs climatiques sur le comportement de l'aphide, la gamme des plantes hôtes préférées, la dynamique de l'insecte sur les *Prunus*, l'effet du mode de conduite culturale, l'influence de la poussé de la sève et la richesse en éléments minéraux essentiels sur la présence de l'insecte sont méconnus. Dans une optique de caractériser les particularités biologiques de *P. periscae* en Tunisie, une étude a été menée par différentes approches visant à identifier la gamme des plantes hôtes de *P. persicae* en fonction de la distribution géographique, d'analyser l'influence des facteurs climatiques et des plantes hôtes sur le potentiel biotique de l'insecte dans des conditions contrôlées et en plein champ, d'étudier la succession de l'infestation et la dynamique du ravageur en relation avec le mode de conduite culturale et de caractériser l'impact du potentiel de la sève et de la concentration en éléments minéraux essentiels sur le potentiel biotique de *P. persicae*.

2. Matériel et méthodes

2.1. Distribution géographique et les plantes hôtes de *P. persicae* en Tunisie

La détermination des plantes hôtes de *P. persicae* dans les zones prospectées en Tunisie a été faite par un contrôle continu sur champ durant environ 4 ans (mars 2007 jusqu'à décembre 2011) dans diverses régions appartenant à des étages climatiques différents (Fig. 21, Annexe 6). En effet, plusieurs espèces de Rosacées (du genre *Prunus* ou autres) ont été examinées. Parfois, nous procédons à des entretiens avec des arboriculteurs en vue de noter la présence de l'aphide dans un site donné.

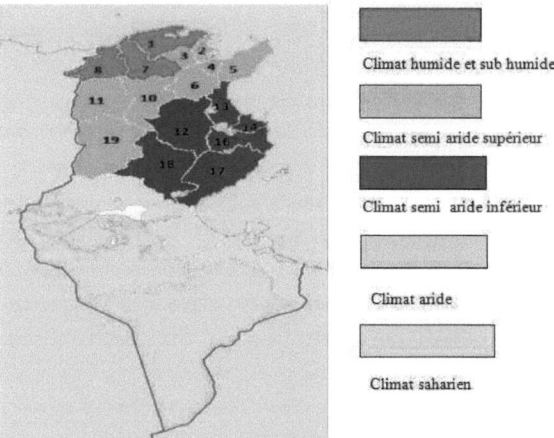

Figure 21 : Carte géographique de la Tunisie représentant les zones d'études (Google map, modifié), 1 : Bizerte, 2 : Ariana, 3 : Mannouba, 4 : Ben Arous, 5: Nabeul, 6: Zaghouan, 7: Béja, 8: Jendouba,

88

10: Siliana, 11: Le Kef, 12: Kairouan, 13: Sousse, 14: Monastir, 16: Mahdıa, 17: Sfax, 18 : Sidi Bouzid, 19 : Kasserine.

2.2. Méthodes de détermination des paramètres biologiques de *P. persicae*

2.1. En condition contrôlée

Nous avons abordé la détermination de la durée du développement des stades larvaires, l'influence de la température et de la plante hôte sur le potentiel biotique de *P. persicae*.

2.1.1. Durée de développement des différents stades larvaires

La détermination de la durée de développement des différents stades de *P. persicae* a nécessité la mise en place d'un élevage des femelles vivipares dans des conditions contrôlées de température (20±1°C), d'humidité (70±10%) et de photopériode (16 heures d'éclairement). La synchronisation de la naissance est faite par placement des femelles à une température basse de 10 à 15 °C quelques heures avant d'initier l'expérience (De Reggi, 1972). Par la suite, chaque femelle a été fixée sur un fragment du pêcher. Au total, l'expérimentation a nécessité 30 femelles à raison de 10 femelles par répétition. Le contrôle de la mue est effectué à intervalle de 4 heures. Le marquage de chaque stade de développement a été conduit de la même manière décrite au chapitre précédant. La durée de chaque stade larvaire par heure ainsi que la durée totale de développement larvaire ont été notées.

2.1.2. Influence de la température et de la plante hôte sur le potentiel biotique

L'évaluation de l'influence de la température ainsi que la plante hôte sur le potentiel biotique du *P. persicae* a été établie au laboratoire. En effet, une dizaine de femelles vivipares de *P. persicae* de même âge sont élevées dans des conditions de 16 heures d'éclairement et d'humidité relative de 70% (Zamani et *al.* 2006). L'élevage a été conduit sur 4 espèces fruitières du genre *Prunus* (pêcher, amandier, prunier et abricotier) à des températures de 15±1, 20±1 et 25±1°C. Il est à signaler que chaque essai a été répété 3 fois. Le taux moyen relatif de multiplication (T.M.R.M= F1) a été calculé par la formule 1 (Leather et Dixon (1984). De la même manière, le temps spécifique de dédoublement de génération (T) a été déterminé selon la formule 2 (Ramade, 2003)

$$\text{T.M.R.M} = (Ln\ W2 - LnW1)\ /\ (T2 - T1) \qquad (1)$$

W1= nombre d'individus à l'infestation, W2= nombre d'individus après 24 heures, T1= temps d'infestation, T2= temps de comptage, après 24 heures.

$$F_2 = T = log2/\ \text{T.M.R.M} \qquad (2)$$

2.2. En plein champ

2.2.1. Biotopes d'étude

Nos observations se sont limitées à 3 régions: Sidi Thabet à Ariana (A), Chott Mariem (B) et Jammel (C).

Le biotope A (Fig. 22 a et b) est constitué uniquement du pêcher (environ 5000 pieds), de variétés précoces (Red Top) et tardives (Pen Tao), conduit en irrigué et à climat semi aride supérieur.

Alors que le biotope B (Fig. 22 c et d) à climat aride, nous avons choisi une parcelle au domaine de l'ISA de Chott Mariem. Cette parcelle conduite en sec est menée en polyculture avec des plantations du pêcher (24 pieds de diverses variétés : Flord Star, Early May Crest et Seville), d'abricotier (8 arbres, variété Wardi), du prunier (16 arbres, variété Black diamond) et d'amandiers (12 arbres de variétés Mazetto).

Quant à Jammel (C) (Fig. 22 e et f) à climat aride, nos observations ont été effectuées au niveau d'une parcelle conduite en sec, située au centre de formation agricole à Jammel, conduite en polyculture avec de l'amandier (500 pieds de variétés Mazetto), de 260 arbres de pêcher (Spring Time, Spring Crest, May Gold et 344.15), de 56 pruniers et de 124 abricotiers.

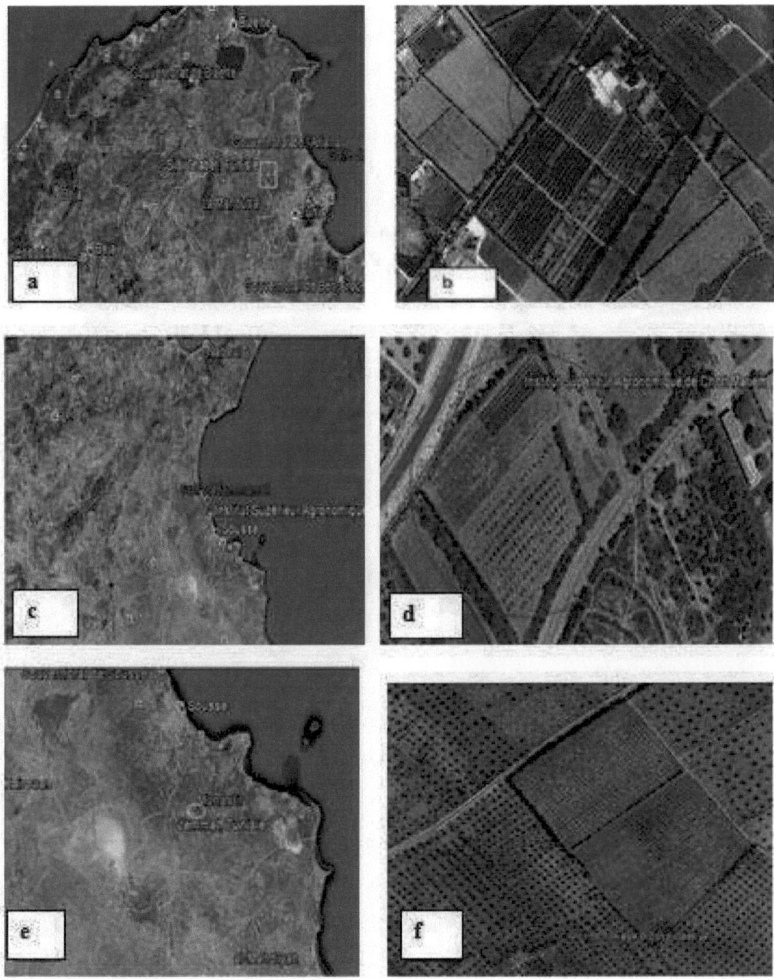

Figure 20 : Biotopes d'étude (a : délégation de Sidi Thabet, b : parcelle d'étude à Sidi Thabet, c : Chott Mariem, d : Domaine de l'ISA Chott Mariem, e : Centre de Formation Professionnelle Agricole de Jammel, f : parcelle d'étude) (Source ; Google Earth modifié)

2.2.2. Suivi de la ponte sur les plantes hôtes

Le suivi de la ponte des ovipares de *P. persicae* a été réalisé dans les 3 biotopes (A, B et C) à climats et à mode de conduite culturale distincts. Ce suivi a été opéré par installation dans chaque biotope d'étude de 6 manchons d'une longueur de 60 cm et de diamètre 30 cm sur les fragments et des rameaux des différentes plantes hôtes (Fig. 23) à partir du mois de décembre 2008. La fixation des manchons s'est faite uniquement sur les arbres où *P. persicae* était présent en 2006 et 2007. A partir de janvier 2009, un contrôle continu est effectué en ouvrant les manchons (Fig. 24) pour la recherche des fondatrices. De plus, des rameaux, des tiges et des collets de plusieurs arbres ont été examinés à l'aide d'une loupe à main pour l'œuf d'hiver.

Figure 23 : Installation des manchons sur branches de pêcher

Figure 24 : Ouverture de la ferméture claire du manchon utilisée pour observation

2.2.3. Suivi de la dynamique et de l'infestation de *P. persicae* sur ses hôtes

La dynamique de *P. persicae* sur les différentes hôtes du genre *Prunus* a été suivie à partir du mois de mars 2008 jusqu'à juillet 2009 à Jammel et à Chott Mariem. Le choix de ces deux parcelles s'est basé sur la présence de 4 espèces fruitières à noyaux. Un contrôle hebdomadaire des rameaux est réalisé tout en notant la date de l'apparition de l'aphide sur l'hôte, le nombre d'arbre infestés, le nombre des aptères et des ailés et la semaine de migration vers la seconde culture hôte. Nous avons opté à suivre en plus la dynamique de *P. persicae* durant la même période dans un verger contenant uniquement du pêcher (Sidi Thabet). De plus, nous avons calculé la moyenne et l'écart-type des données relatives à l'importance numérique des populations. De même, on a calculé la vitesse de la propagation des aphides sur les arbres selon la formule qu'on s'est proposée :

Vitesse d'infestation des arbres= (NaI S2- NaI S1)/ S2-S1   (3)

Avec NaI S1 : nombre des arbres infestés à S1, NaI S2 : nombre des arbres infestés à S2, S1 : première date d'observation, S2 : deuxième date d'observation

2.2.3. Effet de la plante hôte et de la température sur le potentiel biotique

L'effet de la plante hôte et de la température sur le potentiel biotique de *P. persicae* en plein champ ont été étudiés durant 2008 et 2009 dans les biotopes. Dans le même contexte, quatre espèces fruitières à noyaux ont été choisies: le pêcher (Red Top, Pen Tao, Early may Crest et Flord Star), l'amandier (Mazetto), l'abricotier (Wardi) et le prunier (Black Diamond). Etant donné que *P. persicae* attaque les organes aoutés des arbres, le dénombrement de la population du ravageur s'est effectué par comptage hebdomadaire direct sur l'arbre dès l'apparition de l'aphide jusqu'à sa disparition totale. Ceci permet le calcul du taux moyen relatif de multiplication par semaine en suivant la formule 1. Il est intéressant de signaler que les températures moyennes ont été calculées à partir des données climatiques de l'Institut Nationale du Météo de la Tunisie en divisant les températures maximales plus les températures minimales de chaque jour par deux.

2. 2. 4. Influence du potentiel de sève et de la richesse en éléments minéraux essentiels sur la présence de *P. persicae*

2.2.4.1. Mesure de la pression de sève

La pression de la sève (Ps), déterminée par une chambre à pression de Scholander (Fig.25), permet la mesure du potentiel hydrique de la plante (Aussenac et Chassagne, 1974 et Aussenac et Granier, 1978). Les mesures nécessitent une coupe des feuilles à partir des pédoncules pour leur introduction dans la chambre à pression. L'introduction du pédoncule sectionné, permet la lecture de la pression de sève qui est égale et de signe opposé au potentiel hydrique avant la section. Ce potentiel s'exprime en bar. Il est à signaler que les feuilles coupées ont été couvertes par du papier aluminium pour éviter la transpiration (Fig.26). Les mesures ont été faites sur 3 arbres de chaque espèce fruitière dans deux biotopes différents (Jammel et Chott Mariem). Il est intéréssant de signaler que les mesures ont concerné les pieds infestés et non infestés à un même moment.

Figure 25: Chambre à pression de Scholander   **Figure 26**: Couverture des feuilles par

2.2.4.2. Détermination de la concentration des éléments minéraux sur les cultures infestées.

2.2.4.2.1. Echantillonnage

Les arbres infestés et indemnes d'amandier, de pêcher, de prunier et d'abricotier ont fait l'objet d'échantillonnage des fragments dans les biotopes de Chott Mariem, Jammel et Sidi Thabet, tous les 15 jours à partir du mois décembre 2008 jusqu'à juin 2009. Au total, 134 fragments (environ 4,028 m) ont été séchés à 70°C dans une étuve et par la suite broyés.

2.2.4.2.2. Teneur en éléments minéraux

La teneur en éléments minéraux (K, Na, P et Ca) est déterminée à l'aide d'un photomètre à flamme Eppendorf (Sevilla, 1968 et Gueguen et Rombaut, 1961) à l'Institut de l'Olivier à Sousse. Le dosage de l'azote s'est réalisé selon la méthode de Kjeldhal (Didier et Cas, 1967). Cette méthode consiste à décomposer la matière végétale par l'acide sulfurique concentré à chaud permettant l'obtention du CO_2 et H_2O par oxydation et l'azote serait fixé par l'acide à l'état du sulfate d'ammonium. Ce dernier est distillé. Si la matière végétale comporte des nitrates, l'attaque de Kjeldhal conduit à des pertes d'azote nitrique. Par conséquent, l'utilisation de l'acide salcylique ou de l'acide phénol sulfurique est susceptible de réagir avec l'ion nitrique pour donner un dérivé nitré et permettant ainsi la correction. Ainsi, la teneur en éléments minéraux et la relation entre cette teneur et la présence de l'aphide sont déterminées.

2.2.4.2.3. Effet de l'azote sur le niveau d'infestation et la masse corporelle

L'impact de l'azote sur le niveau de l'infestation a été étudié dans la parcelle de Chott Mariem par mesure du taux d'azote sur les pieds infestés durant la période de février 2009 à mai 2009 et par dénombrement des populations. De plus, l'incidence de l'azote sur la masse corporelle de l'aphide s'est évaluée par la détermination du poids d'une dizaine d'individus de *P. persicae* à l'aide d'une microbalance PGW453e (résolution, 0,001 mg).

2.3. Analyse statistique

L'analyse statistique a été effectuée par le logiciel SPSS 18 (Statistical Package for the Social Sciences) par analyse de la variance ANOVA au seuil de 5%. La comparaison des moyennes de la durée du développement larvaire de *P. Persicae*, de la population en fonction des plantes hôtes et des biotopes a été faite par le test de comparaison multiple de Duncan.

3. Résultats

3.1. Répartition spatiotemporelle de *P. persicae* sur les cultures en Tunisie

Les résultats consignés dans le tableau 10 montrent la présence de *P. persicae* au Nord de la Tunisie, largement répandue au Centre et beaucoup moins au Sud. Nos observations ont révélé que le pêcher (*Prunus persica*), l'amandier (*Prunus dulcis*), le prunier (*Prunus domestica*) et l'abricotier (*Prunus armeniaca*) constituent les cultures potentielles d'attaque par *P. persicae* en Tunisie. Par contre, le pommier (*Malus domestica*) est une hôte occasionnelle. D'ailleurs, durant la période de suivi, le ravageur n'est observé qu'une seule fois sur pommier dans un jardin à Sahloul et Akouda du gouvernorat de Sousse (Fig. 27).

Concernant la date d'observation de l'insecte, nos suivis ont montré une relation étroite avec le mode de conduite culturale. Dans les vergers conduits en irrigués, l'aphide est observé précocement à partir de mois de Septembre (Sidi Thabet et Kairouan (Elweslatia) (Tableau 7). Par contre, l'infestation devient tardive dans des vergers conduits en secs à partir de mois de décembre et janvier et parfois aux mois de février et de mars.

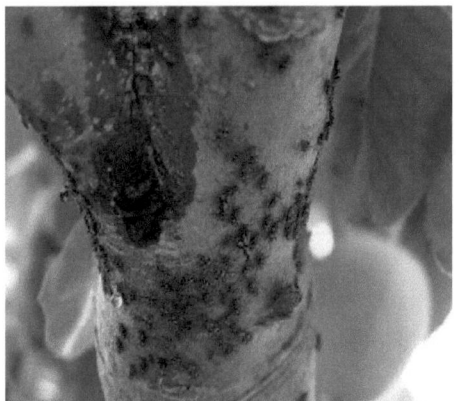

Figure 27 : Colonie de *P. persicae* sur pommier

Tableau. 7: Résultats des enquêtes au près des arboriculteurs

	Biotopes	Arbres hôtes	Mode de Conduite	Dates d'observation
Nord	*Béja (Mjez el beb)	-Pêcher (*Prunus persica*)	Sec	Avril 2009
	*El Kef (Boulifa)	-pêcher	Irrigué	Septembre 2008
	*Ariana (Sidi Thabet)	-Pêcher	Irrigué	Février 2009
	*Ben Arous (Mornag)	-Amandier (*Prunus dulcis*)	Irrigué	Février 2009
		-Pêcher -	Irrigué	Avril 2010
	*Nabeul (Takelsa)	-amandier -	Sec	Mars 2010
Centre	*Zagouan (Enfidha)	Amandier	Sec	Février 2009
	*Sousse			
	-Chott Mariem,	Pêcher	Sec	Février 2008
		Amandier	Sec	Janvier 2009
	-Kalaa Kébira,	Abricotier (*Prunus armenica*)	Sec	Juin 2008
	-Akouda)	Prunier (*Prunus domestica*)	Sec	Mai 2008
	-Sahloul		Sec	Avril 2009
		Pommier (*Malus domestica*)	Sec	Février, Mars 2008
	*Monastir (Elourdanine, Jammel)	Pêcher	Sec	Décembre 2009
		Amandier	Sec	Mai 2009
		Prunier	Sec	Mars 2009
		Amandier	Sec	Mars 2009
	*Mahdia (Sidi Alouane)	Pêcher	Irrigué	Septembre 2009
	*Kairouan (Elweslatia)	Pêcher	Sec	Mars 2009
	* Siliana	Pêcher	Sec	Mars 2010
	*Sidi Bouzid (Rgueb)	Amandier		
Sud	*Sfax (Manzel Chaker)	Amandier	Sec	Mars 2009
	*Kasserine (Feryana)	Amandier	Sec	Mars 2011

3.2. Détermination de la durée de développement larvaire

La détermination de la durée de développement des différents stades larvaires de *P. persicae* dans les conditions expérimentales de laboratoire, a permis de montrer que ce développement passe par quatre stades larvaires nommés respectivement L1, L2, L3 et L4 (Tableau 8). Nos résultats ont révélé que le premier stade larvaire dure entre 68 à 80 heures (76,16 ±4,2). Cette durée ne dépasse pas 64 heures pour le second stade larvaire (56,63±5,81). Par contre, le 3ème et le 4ème stade larvaires ont une durée plus longue pouvant atteindre, 106 et 164 heures, respectivement (112,37±5,51 ; 164,66±41,21). L'analyse de la variance (P≤0.05) de la durée de développement des différents stades larvaires a montré une signification entre les deux premiers stades et le 3ème et le 4ème stade Egalement, l'adulte aptère peut survivre durant 164 heures (environ 7 jours). Les résultats mentionnés dans le tableau (8) prouvent que l'atteinte du stade adulte nécessite environ 15 jours à une température de l'ordre de 20±1°C et à une humidité relative de 70±10%. Les adultes femelles donnent des nouveaux descendants durant environ 7 jours. Ainsi, nous pouvons en déduire, que dans des conditions contrôlées (T=20°±1C, HR=70±10%), les premiers stades larvaires de la nouvelle génération s'observent après environ 22 jours.

Tableau 8: Durée de développement des stades larvaires et adultes aptères de *P. persicae* à 20°C et à 70% d'humidité relative

Stades	Durée moyenne ± SD de chacun des stades en heures	Durée en Jours
L1	76,16±4,2^c	3,17
L2	56,63±4,66^c	2,35
L3	112,37±5,51^b	4,68
L4	120,85 ±20,64^b	5,035
Adulte	164,66±41,21^a	6,86
Total	530,7	22,09

Les moyennes indiquées par les mêmes lettres ne sont pas significativement différentes selon le test Duncan à P<0.05

3.3. Potentiel biotique de *P. persicae* dans les conditions du laboratoire

Les résultats relatifs aux effets de la température et de la plante hôte sont reportés dans le tableau (9). Nos expériences ont mis en évidence que le potentiel biotique de *P. persicae* exprimé par le taux moyen relatif d'accroissement (TMRM) et le temps spécifique de dédoublement d'une génération (T) sont influencés par la température et par la plante hôte. En effet, l'élevage conduit sur le pêcher, le TMRM (0,0182) enregistré à 20±1°C est plus élevé en comparaison avec ceux obtenus à 15±1°C et 25±1°C qui sont de 0,0152 et 0,0155 respectivement. L'incidence de la température s'exprime aussi par le temps spécifique (T) nécessaire pour une génération sur une plante hôte donnée pour se dédoubler. Sur pêcher, cette durée est de 17 j à 20±1°C et de 20 et 20,39 j à 15±1 et à 25±1°C respectivement. De même, un effet similaire est constaté sur prunier. Ces résultats révèlent qu'indépendamment de l'hôte, la température de 20±1°C est la plus favorable pour la multiplication de *P. persicae*. Pareillement, un effet de l'hôte sur le potentiel biotique de *P. persicae* a été rapporté (Tableau 14). Les valeurs du TMRA de *P. persicae* sur pêcher sont élevées comparées à celles obtenues sur amandier, sur prunier et sur abricotier. Ceci prouve que le pêcher est l'hôte préférentiel pour le puceron brun assurant par conséquent un potentiel biotique élevé. Il en ressort que le TMRM sur pêcher reste le plus élevé par rapport à ceux enregistrés sur amandier, sur prunier et sur abricotier même à des températures plus basses (15±1°C) ou plus élevée (25±1°C). L'impact de l'espèce fruitière s'exprime aussi par la variation du temps de dédoublement d'une génération (T) où à une température de 20±1°C, ce temps sur pêcher est le plus court que celui obtenu sur prunier, sur amandier ou sur abricotier (Tableau, 9). De ce fait, le développement et la reproduction de *P. persicae* sont dépendants de la température et de la plante hôte. Le pêcher est l'hôte préférentiel de *P. persicae* et une température de l'ordre de 20°C est la plus favorable pour sa multiplication.

Tableau 9: Taux moyen relatif de multiplication (TMRM) et temps de dédoublement d'une génération (T) de *P. persicae* à différentes températures et sur fragments du genre *Prunus*

Température / Cultures hôtes	15±1°C		20±1°C		25±1°C	
	TMRM	T	TMRM	T	TMRM	T
Pêcher	0,0152±0,015	20,39	0,0182±0,027	17,032	0,0155±0,012	20
Amandier	0	0	0,0167±0,023	18,56	0	0
Prunier	0,0115±0,014	26,95	0,0179±0,023	17,31	0,0126±0,012	24,60
Abricotier	0	0	0,009	34,44	0,0105±0,006	29,52

3.4. Potentiel biotique en plein champ

Nous avons montré précédemment les effets de la température et de la plante hôte sur le potentiel biotique du *P. persicae* dans des conditions contrôlées. Ces incidences s'observent aussi en plein champ. Le tableau (10) révèle une variation du TMRM de *P. persicae* en fonction de la plante hôte. En effet, nous avons pu constater que le pêcher, comme dans les conditions contrôlées, représente l'hôte préférentiel à *P. persicae* pour se multiplier. Sur pêcher, T est également plus court en comparaison avec le prunier et l'amandier. Ceci confirme la préférence de *P. persicae* sur pêcher. Ce comportement se manifeste par une différence significative (P<0.05) de la population observée sur pêcher (Fig.28) par rapport à celle sur amandier ou sur prunier (f=6,039, df=2, P=0,05).

Tableau 10 : T.M.R.M et durée de développement du *P. persicae* sur différentes espèces fruitières

Arbres hôtes	TRMA	T (jours)
Pêcher	0,027	11,11
Amandier	0,0192	15,62
Prunier	0,022	13,63

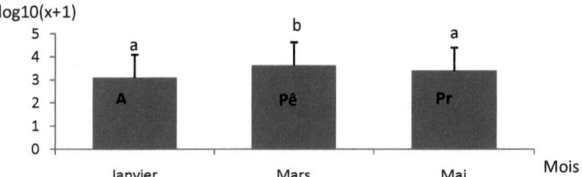

Figure 28: densité des colonies de *P. persicae* sur différentes espèces fruitières

X= nombre des individus de P. persicae, A: amandier, Pê: pêcher, Pr: Prunier

les moyennes indiquées par les mêmes lettres ne sont pas significativement différentes selon le test Duncan

De même, l'effet de la température sur le potentiel biotique de *P. persicae* a été étudié dans deux biotopes (Jammel et Chott Mariem) par la détermination de la densité moyenne mensuelle de la population de *P. persicae* sur pêcher dans les deux biotopes. La figure 29 souligne une population plus importante au mois de mars, avril et mai par rapport à celle de mois de février et de juin. Une différence significative (P<0.05) des populations a été révélée entre les mois. Cette différence s'explique par l'effet de la température (Tableau, 11). Ainsi, nous avons pu montrer que plus la température est proche de 20°C plus la population est importante. Par contre, plus cette température diminue ou dépasse 25°C, la population chute.

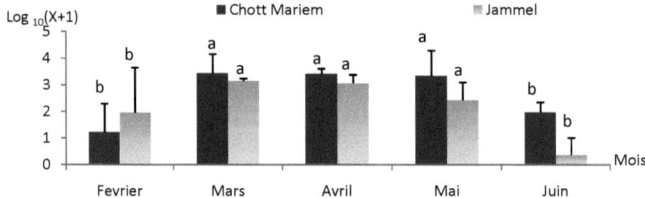

Figure 29. Variation mensuelle de l'effectif moyen de *P. persicae* sur pêcher à Chott Mariem et à Jammel. X= Nombre des individus de *P. persicae*, les moyennes indiquées par les mêmes lettres ne sont pas significativement différentes selon le test Duncan (P<0.05)

Tableau 11 : Températures moyennes approximatives dans les biotopes d'études (Jammel et Chott Mariem)

Mois	Région de Sahel		
	Minimum	Maximum	Moyenne
Janvier	7,5	16,4	11,5
Février	8,3	17,3	12,8
Mars	9,8	18,5	14,5
Avril	11,9	20,6	16,25
Mai	15,1	24,1	19,6
Juin	18,8	28	23,4
Juillet	21,2	31,5	26,35
Aout	22,2	32	27,1
Septembre	20,6	29,2	24,9
Octobre	16,8	25,2	21
Novembre	11,9	20,8	16,35
Décembre	8,9	17,3	13,1

3.5. Vitesse de colonisation de *P. persicae* en fonction de la conduite culturale

Les prospections de *P. persicae* menées (Tableau 12) indiquent la présence temporelle des populations de *P. persicae* dans les différents biotopes, le nombre des pieds infestés, le site d'infestation au niveau de l'arbre, le nombre des pieds totalement infestés et le pourcentage des pieds infestés par rapport au nombre total des arbres contrôlés. Ces observations montrent des dates d'attaques différentes d'un biotope à un autre. A Sidi Thabet (climat sub humide, conduit en irrigué), l'insecte est présent dès le début du mois de septembre sur les parties souterraines de deux pieds du pêcher (racines et collet). Les premières populations sur les

100

parties aériennes sont observées le 16 décembre 2008 sur 9 pieds. Excepté des formes ailées, différents stades de développement de l'insecte ont été notés. Ces derniers ne font leur apparition qu'enfin du mois de décembre et assurent par la suite la colonisation des autres pieds. L'évolution de la vitesse de colonisation (Fig. 30) montre un nombre de pieds infestés par jour faible au début de la dispersion de *P. persicae* (0,7 pieds par jour en décembre). Cette vitesse s'élève pour atteindre un maximum de 2,3 pieds/jour en janvier. L'intensification de la population à Sidi Thabet se continue jusqu'à mai où nous avons noté la disparition complète de l'insecte suite à un traitement à base de Confidor. La vitesse moyenne de l'infestation au cours d'une année à Sidi Thabet est de 0,645±0,72 pied/jour. Nos résultats de prospection de *P. persicae* à Jammel et à Chott Mariem révèlent une infestation tardive en comparaison à celle de Sidi Thabet. Les premiers individus s'observent à partir de moi de janvier et se maintiennent durant février, mars, avril, mai et juin sur différentes espèces du genre *Prunus* (Tableau 12). Dans ces deux biotopes conduits en sec, nous notons une vitesse maximale d'infestation de 0,75 et 0,58 pied/jour à Jammel en mars et en avril respectivement, de 0,28 pied/jour à Chott Mariem en avril et mai. Les vitesses moyennes d'infestation au cours d'une année de prospection à Jammel et à Chott Mariem sont de 0,19±0,93 et 0,016±0,15 pied/jour respectivement. Ceci démontre que la vitesse de colonisation dépend du mode de conduite culturale et du climat.

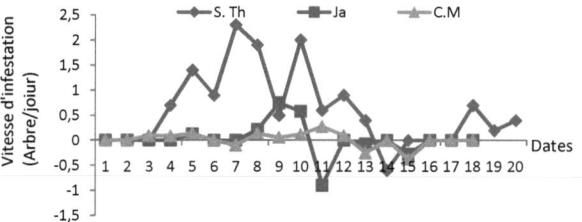

Figure 30 : Evolution des vitesses d'infestation des pieds du pêcher dans les vergers d'étude (S.Th : Sidi Thabet, Ja : Jammel, C.M: Chott Mariem)

En ce qui concerne l'impact du mode de conduite culturale sur l'importance de la population de *P. persicae*, nos résultats prouvent que le pourcentage des pieds attaqués est élevé à Sidi Thabet (23.4% en avril) en comparaison avec ceux à Jammel et à Chott Mariem (7.3% en avril et 20.33 en mai respectivement (Tableau 12). Une couverture totale des arbres par les pullulations de *P. persicae* s'est observée dès le mois de janvier à Sidi Thabet et à Jammel (Tableau 12). D'ailleurs, plus de 200.000 individus/ pied ont été dénombrés. En ce qui concerne l'importance des populations, une différence significative de la population (P<0.05) a été notée (Fig. 31) entre celle sur pêcher à Sidi Thabet et celle à Chott Mariem et à Jammel. Cette différence entre les trois biotopes s'est manifestée par le nombre des pieds totalement couverts par *P. persicae* (86 pieds à Sidi Thabet, uniquement 4 à Jammel) (Tableau 12).

Tableau 12: Prospections de *P. persicae* dans différents biotopes de la Tunisie

Biotopes / Paramètres	Sidi Thabet (Irrigué)	Chott Mariem (Sec)	Jammel (Sec)
Date d'observation	Septembre	Janvier	Janvier
Organe attaquée	Racine, collet, tige	Tige	Tige
Nombre des pieds infesté	117	14	9
Infestation totale	86 (73%)	4 (0,28%)	0
Disparition de *P. persicae*	Toujours présents	Juin	Juin

L'impact du mode de conduite culturale et du climat a affecté aussi l'importance numérique de la population. L'analyse de la variance prouve une différence significative entre la moyenne des individus dénombrés à Sidi Thabet comparativement à ceux à Chott Mariem et à Jammel (Fig. 31). Nos observations confirment la présence de *P. persicae* durant toute l'année à l'exception de mois de mai et de juin où nous avons noté la réduction de la population suite un traitement chimique à base de confidor à Sidi Thabet. A Chott Mareim et à Jammel, une disparition complète de l'insecte sur pêcher à partir de mois de juin s'explique par l'élévation de la température suite à un vent sirocco.

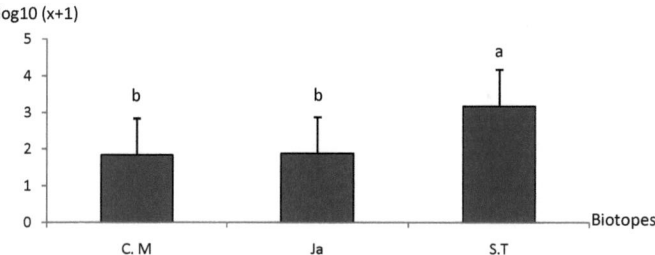

Figure 31 : Moyenne de population par arbre enregistrée au cours d'une année (2008-2009) dans différents biotopes.

(x=nombre des pucerons, CM : Chott Mariem, Ja : Jammel, S.T : Sidi Thabet).

3.6. Cycles biologiques de *P. persicae*

Un contrôle continu des manchons installés sur différentes plantes hôtes et à divers biotopes à partir de janvier 2009 jusqu'avril de la même année n'a pas révélé la présence d'œuf de *P. persiace*. L'observation à loupe à main des tiges et des rameaux du pêcher, d'amandier, du prunier et d'abricotier n'a pas abouti à la découverte de l'œuf de *P. persicae*. De ce fait, nous indiquons l'anholocyclie de *P. persicae* sur les arbres fruitiers à noyaux en Tunisie. De même, le suivi régulier durant une année dans différents biotopes signale des comportements particuliers de *P. persicae*. En effet, à Sidi Thabet, l'inexistence des œufs sur les différentes parties de l'arbre aussi bien sous manchons prouve l'anholocyclie du puceron. Outre, nos observations montrent une dynamique en relation avec la phénologie de la plante hôte et le circuit de sève. En effet, en automne, l'insecte se fixe sur les racines et le collet de l'arbre (Fig. 32 A, B et 33). La fixation de l'insecte sur les parties souterraines continue jusqu'à fin décembre. Au fur et à mesure que les feuilles apparaissent, *P. persicae* occupe les parties aériennes en passant par le collet, le tronc, les tiges et les rameaux (Fig. 32 C et 33). Cette fixation s'étale jusqu'à Septembre quand l'insecte s'observe en mouvement de descente de nouveau vers les parties souterraines. Parallèlement, en fonction des arbres hôtes et en fonction des modes de conduites culturales deux cycles peuvent être suivis par *P. persicae*.

Figure 32: *P. persicae* sur différentes parties d'arbre du pêcher (**a** : *P. persicae* sur racines, **b**: sur collet, **c**: sur tronc)

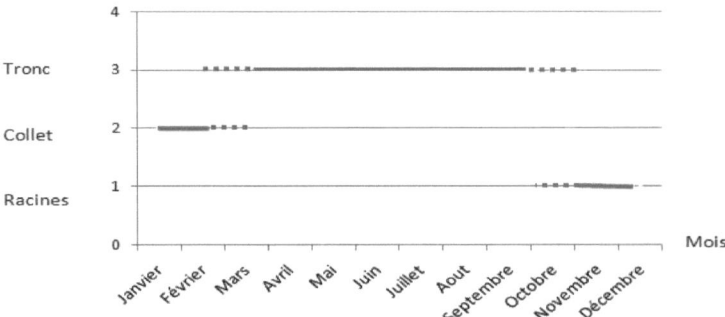

Figure 33 : Mouvement de *P. persicae* sur pêcher à Chott Mariem et à Sidi Thabet en 2009

Dans des cultures conduites en irrigués à Sidi Thabet, *P. persicae* se maintient durant une année uniquement sur pêcher en se fixant durant 4 mois sur une variété précoce (Red Top) puis migre vers une variété tardive (Pen Tao) (Fig.34 a).

Par contre, dans des cultures du genre *Prunus* conduites en sec à Chott Mariem et à Jammel, l'insecte migre d'un hôte à autre en fonction du temps (Fig.34 b). En effet, *P. persicae* s'observe sur les parties aoutes d'amandier durant décembre et janvier, se fixe par la suite sur des variétés précoces du pêcher (Flord Star et Spring time) de fin janvier à avril. Puis, durant 3 mois, des colonies s'observent sur le pêcher, l'abricotier et le prunier.

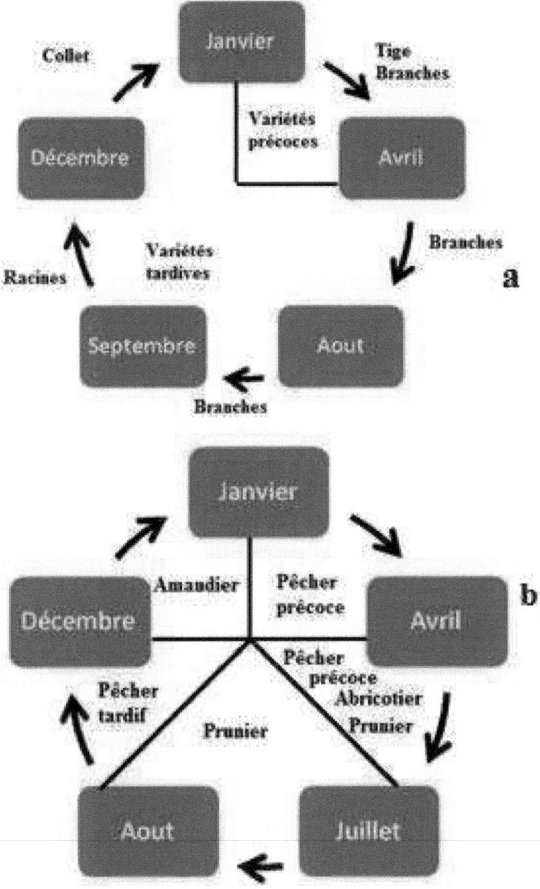

Figure 34 : Cycles biologiques de *P. persicae*

(a : en irrigué sur pêcher seulement, b : en sec sur différentes plantes hôtes)

3.7. Effet de la poussée de sève du phloème sur la présence de *P. persiace*

Les mesures du potentiel hydrique du pêcher, de l'amandier, du prunier et de l'abricotier à des dates différentes au domaine agricole de l'ISA de Chott Mariem et au centre technique de formation agricole à Jammel montrent une valeur limite pour la présence de l'aphide (Tableau, 13). En effet, pour une valeur supérieure à (-7) bar, le puceron brun s'observe sur la plante hôte. Par contre, durant la même période et dans le même biotope, des mesures sur d'autres arbres se situant à proximité enregistrent des valeurs inferieures à (-8) bar et on n'a pas remarqué la présence de l'insecte. Ce qui explique d'un niveau limite du potentiel de sève est nécessaire pour l'installation de *P. persicae*.

Concernant l'abricotier, tous les pieds n'ont pas été infestés durant la période de suivi. L'effet de la poussée de sève sur la présence et l'importance de la population de *P. persicae* sur pêcher peut être expliqué par les conditions de stress hydrique.

Tableau 13: Potentiel hydrique de différents hôtes de *P. persicae* à différentes dates de l'infestation.

Biotopes	Chott Mariem			Jammel		
Cultures	Dates	Infestées	Non Infestées	Dates	Infestées	Non Infestées
Pêcher	16.04.09	-6,62±1,53	-10,54±2,26	13.03.08	-4,83±1,23	-8,66±2,74
Prunier	16.04.09	-5,91±1,06	-9,66±1,90	13.03.08	-6,71±1,34	-9,37±2,53
Amandier	16.04.09	-	-7,66±2,36	13.03.08	-	-9,54±2,14
Abricotier	16.04.09	-	-8,46±1,60	13.03.08	-	-8,91±1,90

3.8. Effet de la composition minérale sur l'établissement de *P. persicae* au niveau du pêcher

Le tableau 18 montre une importance variable entre les différents éléments minéraux étudiés. En effet, la présence de l'aphide sur l'arbre est strictement liée à la concentration de l'azote ou une concentration supérieure à 0,50% favorise l'installation du ravageur sur son hôte préférentiel (le pêcher). De plus une différence au niveau de l'importance d'un tel élément par rapport à un autre est notée. Il en ressort que l'azote constitue le composé essentiel pour l'installation du ravageur. En effet, plus la concentration est élevée plus l'infestation est prononcée sur le pêcher (Tableau, 14). Ainsi, il existe une relation étroite entre la concentration de l'azote au delà de 0,50 % et l'infestation par l'aphide indépendamment du biotope. Ceci marque l'importance de cet élément dans l'infestation. Cependant, la concentration en Potassium, Calcium et Sodium, ne semble pas avoir un impact probable sur la présence de l'insecte. Toutefois, les concentrations élevées de Potassium notées à Sidi Thabet, à Chott Mariem et à Jammel, n'ont pas permis l'observation de *P. persicae*.

Tableau 14 : Concentration d'Azote (N), de Potassium (P), de Sodium (Na) et de Calcium (Ca) sur pêcher dans différents biotopes (X=M±SD)

	Pêchers infestés			Pêchers non infestés		
%	Sidi Thabet	Chott Mariem	Jammel	Sidi Thabet	Chott Mariem	Jammel
N	0,68±0,12	0,53±0,04	0,60±0,10	0,48±0,044	0,44±0,093	0,35±0,084
K	0,78±0,17	0,47±0,23	0,63±0,07	0,60±0,18	0,90±0,40	0,80±0,59
Na	0,38±0,11	0,2±0,040	0,45±0,086	0,41±0,12	0,32±0,130	0,36±0,098
Ca	0,37±0,12	0,21±0,033	0,39±0,15	0,41±0,095	0,23±0,121	0,40±0,11

3.9. Répercussion de la concentration d'azote sur l'évolution de la population et la variation de poids de *P. perisace*.

Le tableau 15 décrit une variation mensuelle du poids corporel de *P. persicae*. En effet, les premières observations de l'insecte en Février enregistrent un poids moyen corporel de l'ordre de 66 x 10^{-4} g alors qu'en Mars le pic le plus élevé était de 96 x 10^{-4} g. Une moyenne faible a été notée pendant le mois de Mai (0,0068±0,0011 g).

Tableau 15 : Variation pondérale de *P. persicae* sur pêcher en fonction de la date d'infestation à Chott Mariem ((X=M±SD)

Date	Poids de *P. persicae* en (g)
14.02.09	0,0066±0,0013
10.03.09	0,0096±0,0012
21.03.09	0,0084±0,0011
2.04.09	0,0081±0,0015
17.04.09	0,0083±0,0013
3 .05.09	0,0071±0,0014
19.05.09	0,0068±0,0011

Le suivi de l'évolution de la concentration d'azote au niveau du pêcher à Chott Mariem montre une courbe ascendante à partir de mois de Janvier (Fig. 33). Toutefois, pendant le mois de Mars et Avril, la teneur en azote dépasse 50% ce qui agit positivement sur le poids de l'aphide. Cependant, la diminution de la concentration en azote au mois de mai a été accompagnée par une réduction du poids de *P. persicae* (0,48 et à 0,42 % ; 71±0,0014 et 68±0,0011g). De plus, la population de *P. persicae* sur pêcher à Jammel et Chott Mariem évolue significativement (P<0.05) durant la période s'étalant entre les mois de février et juin. Néanmoins la population aphidienne enregistrée au mois de février est moins importante que celle de mois de mars ou avril. En outre, la diminution de la population pendant les mois de mois de mai et juin peut être expliquée par la réduction de la concentration azotée au niveau du pêcher (Fig. 35).

Les résultats indiquent la présence de *P. persicae* sur diverses espèces des arbres fruitiers du genre *Prunus,* montrent d'une façon claire l'effet du mode de conduite culturale, de la

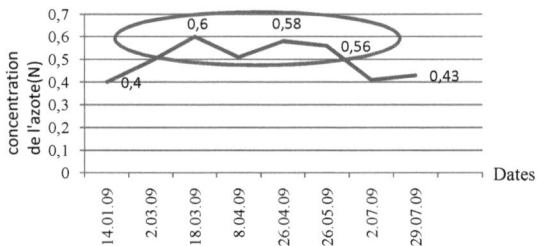

Figure 35 : Variation temporelle de la concentration de l'azote (N) sur pêcher à Chott Mariem

4. Discussions et conclusions

Ce chapitre vise à caractériser la biologie et approcher la dynamique de *P. persicae* dans différentes conditions en Tunisie. Nous avons identifié, les plantes hôtes de l'insecte. Puis, l'effet de la température et de la plante hôte dans des conditions contrôlées et en plein champ sur le potentiel biotique tout en examinant particulièrement leurs impacts sur le taux moyen relatif d'accroissement et sur le temps spécifique pour le dédoublement d'une génération du ravageur. De plus, nous avons démontré l'impact du mode de conduite culturale sur la présence et l'importance numérique de la population, démontré les différents types de cycles biologiques et précisé l'effet de la composition minérale et du potentiel de sève du phloème pour l'établissement de *P. persicae* sur les arbres fruitiers. Les résultats indiquent la présence de *P. persicae* sur diverses espèces des arbres fruitiers du genre *Prunus,* montrent d'une façon claire l'effet du mode de conduite culturale, de la température, de la plante hôte sur le potentiel biotique de *P. persicae* et son cycle biologique et soulignent l'impact de la composition minérale et le potentiel de sève du phloème sur l'établissement de *P. persicae.* En ce qui concerne les plantes hôtes, *P. persicae* accepte le pêcher, le prunier, l'amandier, l'abricotier et le pommier comme plantes hôtes en Tunisie. A l'exception du pommier, nos observations marquent une similitude avec ceux d'El-Trigui et EL-Shérif (1989) au Sud de la Tunisie, de Ben Halima Kamel et Ben Hamouda (2004 et 2005) dans les régions côtières de la Tunisie et de Jerraya (2003) au Nord de la Tunisie. D'ailleurs, nos observations concernant les plantes hôtes, sont en accord avec les travaux de Talhouk (1977), Darwish et *al.*, (1989), Stoetzel (1994), Kairo et Poswal (1995), Stoetzel et Miller (1998), Khan et *al.*, (1998), Blackman et Eastop (1994, 2000 et 2006), Rakshani et *al.*, (2005) et Atayyat et Abu-Darwish (2009) dans les zones des répartitions de *P. persicae*. Cependant, les travaux de Darwish et *al.*, (1989), Stoetzel (1994), Kairo et Poswal (1995), Coss et Poswal (1996) et Khan et *al.*, (1998) révèlent une autre gamme de plantes hôtes occasionnelle telle que le cerisier (*Prunus cerasifera* Ehrh), le prunier japonais (*Prunus salicina* Lindl), l'oranger (*Citrus sinensis* Osbeck), le nectarinier (*Prunus persica nectarina*), les pommiers sauvages (*Malus domestica* Borkh) et les cognassiers (*Cydonia vulgaris* Pers). Nos observations en Tunisie soulignent que *P. persicae* accepte 4 espèces d'arbres fruitiers à noyaux (pêcher, amandier, prunier et amandier) et rarement sur un arbre fruitier à pépin (pommier). Sur ces hôtes, la biologie de l'aphide peut être différente. Pour cela, l'apport de quelques informations concernant les paramètres biologiques de *P. persicae* s'avèrent nécessaires par l'étude du développement larvaire, du potentiel biotique en fonction des plantes hôtes et de la température dans les conditions contrôlées et en plein champ. Dans ce concept, nous avons déterminé, dans un premier temps, la durée de développement larvaire et la longivité de l'adulte. Nous avons montré que le développement larvaire de *P. persiace* ne dépasse pas 15 j dans des conditions favorables de température et d'humidité relative et que l'adulte reste vivant environ 7 j. Ces résultats révèlent une similitude avec ceux obtenus par Khan et *al.*, (1998) dans les mêmes conditions d'élevage. Il en résulte que le premier stade larvaire dure environ 3,37 j, le second a une durée de 2,6 j et le troisième à peu prés 6 j. Le même auteur ajoute que le 4ème stade larvaire et l'adulte dure ensemble environ 8 jours jusqu'à l'obtention de la première larve. Pareillement, il a montré que l'adulte reste vivant environ 9 j et la longévité totale environ 21 j. Ceux-ci sont en désaccord avec ceux d'El-Trigui et El-Shérif (1989) qui ont prouvé que le premier stade larvaire ne dépasse pas 1 j à une température maximale de 28°C et une humidité de 66 à 72% où les mêmes auteurs révèlent que la durée totale de développement de *P. persicae* sont variables en fonction de la température. Cette durée est de l'ordre 19 j à 26,7°C et 29 j à 10,9°C. Alors que Avidov et Harpz (1969) in Khan et *al.* (1998) ont montré que cette durée est de l'ordre de 15 j à 27°C. Cette variation est expliquée par les conditions d'élevages variables (Khan et *al.* 1998). L'effet de la température sur la durée du développement s'est observée aussi en plein champ. En effet, des études similaires ont révélé une durée de développement de *P. persicae* de l'ordre 13 j au printemps sur pêcher et prunier quand la température est proche de 20°±1C (El Trigui et *al.*, 1989). Cette durée varie de 10 à 29 j à des températures comprises entre 26,7 et 10,3°C pour des populations de *P. persicae* sur pêcher en Egypte. La variation de la température, de la photopériode et des plantes hôtes a certes un effet sur le potentiel biotique de *P. persicae*. En effet, nous avons révélé que le développement de *P. persicae* et la reproduction dépendent de la température et de la plante hôte et que le taux moyen relatif de multiplication diffère d'une plante hôte à l'autre. Ainsi, une température de 20°±1C est la plus favorable pour le développement de l'insecte et particulièrement sur pêcher où nous notons une durée du temps de dédoublement d'une génération plus courte. Ces résultats rappellent les constatations de nombreux auteurs qui ont mentionné l'effet de la température sur la survie de *P. persicae*. D'ailleurs, Darwich et *al.* (1989) ont mentionné que le nombre le plus élevé des larves du puceron brun sur pêcher en Egypte s'observe vers la fin du mois de Mars et au début de mois d'Avril où les femelles donnent une descendance de 26,9 larves (19-32) à une température comprise entre 19,5 et 22,6°C avec une humidité relative de l'ordre de 80,7 et 65,8%. Les mêmes auteurs suggèrent que le nombre de descendants diminue durant le mois d'Aout et de Janvier. Il est de l'ordre de 7 à 11 larves respectivement. Des études similaires (Zamani et *al.*, 2006 et Adler et *al.*, 2007) ont montré que la température peut directement réduire la multiplication des pucerons et que l'exposition d'une population aphidienne à des températures basses affecte la survie du puceron. Par contre, Adler et *al.*, (2007) ont révélé qu'une température élevée diminue l'abondance des pucerons. Dans le même contexte, Zamani et *al.* (2006) en étudiant l'effet de la température sur la biologie et l'accroissement des populations aphidiennes tel qu'*Aphis gossypii* Glover (Hemiptera, Aphidinae) élevé sur concombre dans des conditions contrôlées du laboratoire ont montré que la période de développement des immatures et la longévité moyenne des adultes varient entre 8,56 j à 30°C et 17 j à 25°C. Outre, Salas et Corcuera (1991) ont prouvé que le taux de multiplication de *Schizaphis graminum* diminue lorsque la population est maintenue à une température supérieure à 25°C. Cette température inhibe la production des morphes ailées ce qui diminue la possibilité de dispersion de la population. D'ailleurs, la température favorable pour le développement des pucerons varie d'une espèce à autre. Ce paramètre est de l'ordre de 25±1°C pour *Myzus persicae* et uniquement 22,5±1°C pour *Myzus polaris* et *Myzus ornatus*. Pareillement, Cannon (1998) a prouvé que la température basse diminue la multiplication de quelques espèces aphidiennes en dépendance de leurs exigences thermiques et leurs spécificités via l'hôte. Holopainen et Kainulainen (2004) ont montré que ce facteur a un impact indirect sur la population des pucerons via le changement de la phénologie et la qualité des plantes. D'autres travaux relient la multiplication et l'abondance d'une population aphidienne avec le changement du climat (Zhou et *al.* 1997 et Whittaker et Tribe, 1998). Dans le même concept, Jensen et *al.* (1992), Ayres, (1993) et Coley (1998) révèlent que la multiplication d'une espèce de puceron peut être affectée par le changement du climat. En effet, un climat chaud est bénéfique pour plusieurs espèces des pucerons favorise leur développement individuel ou populationnel (Cannon, 1998 et Diffenbaugh et *al.*, 2008) et conduit au développement d'une génération additionnelle par an. Dans ce concept, nous avons entrepris l'effet du climat et du mode de conduite culturale sur le cycle de vie de *P. persicae*. Nos résultats ont révélé l'anholocyclie de *P. persicae* tout en suivant deux types de cycle de vie en fonction du mode de conduite culturale. *P. persicae* peut se maintenir durant une année sur une même espèce de plante hôte dans un climat sub-humide et conduit en irrigué tout en circulant sur les différentes composantes de l'arbre (racine, collet, tige et branche). En se basant sur d'autres observations (jardin) l'insecte est observé au niveau des racines et de collet à Akouda et au Centre d'Agriculture Biologique à Chott Mariem. En climat aride, il peut migrer d'une espèce fruitière à une autre et d'une variété à une autre. Des études similaires ont prouvé l'anholocyclie de *P. persicae* en Tunisie (El-Trigui et El-Shérif, 1989; Ben Halima Kamel et Mabrouk, 1997; Jerraya, 2003 et Ben Halima Kamel et Ben Hamouda, 2005). Parfois et sous l'effet des conditions climatiques différentes, *P. persicae* peut se reproduire par voie sexuée. En effet, Kairo et Poswal (1995) ont prouvé qu'en Syrie et au Liban, quelques ovipares de *P. persicae* apparaissent en octobre pour déposer leurs œufs à partir du mois d'octobre jusqu'à mi-juin. Ces œufs sont clairs, brillants et éclosent à partir de mi-janvier et se continue jusqu'à mi-mars donnant naissance à des fondatrices. Ces auteurs ont révélé que plusieurs générations parthénogénétiques se succèdent jusqu'au début mai. Des études similaires ont été réalisées en

111

Syrie et en Liban prouvent que *P. persicae* a la possibilité d'être holocyclique ou anholocyclique (Talhouk, 1977) en fonction des conditions environnementales. Cet auteur a mentionné que *P. persicae* est anholocyclique dans les zones côtières (un peu chaude) et holocyclique dans les zones internes froides. Dans le même contexte, Blackman et Eastop (2000 et 2006) et Rakshani *et al.,* (2005) ont indiqué l'holocyclie de *P. persicae* dans les zones froides de la Romanie, de l'Italie et de la Grèce. Nos observations relient le changement de type du cycle et la succession de l'aphide sur différentes plantes hôtes à la technique culturale suivie particulièrement en sec ou en irrigué. En effet, dans des cultures conduites en irrigué, l'aphide peut se maintenir durant une année sur le même pied de pêcher en se fixant sur les racines puis passe au niveau du collet. Il s'en suit une installation sur le tronc et par la suite sur les branches. Il est intéressant de signaler que *P. persicae* a évolué à Chott Mariem au niveau d'un verger de pêcher et d'amandier irrigué situé au centre Technique d'Agriculture Biologique, conformément à celui à Sidi Thabet. Par contre, dans des vergers du pêcher conduits en secs, la succession de l'insecte se fait sur différentes espèces du genre *Prunus*. Cette succession peut être justifiée par la voie de circulation de la sève. D'autres travaux (Thi Thuy et *al.*, 2007) ont lié la présence ou l'absence de *Macrosiphum euphorbiae* Thomas sur leur plante hôte à la richesse ou la pauvreté de la plante en sève. De même, des travaux similaires de Reynolds et *al.*, (2007) sur différentes espèces d'insecte, de Miyasaka et *al.*, (2007) sur *Sipha flava* Forbes, de Moravej et Hatefi (2008) sur *Acyrthosiphum pisum* Harris, de Clark et *al.*, (2009) et de Pitman et *al.*, (2010) ont affirmé l'effet de la poussée de sève sur la fixation de l'aphide. Dans ce cadre, la détermination, d'une part, de l'influence de la pression osmotique et de certains facteurs chimiques liés à la plante hôte responsables de l'installation de *P. persicae* et d'autre part l'impact de la variation de la teneur en azote sur le poids de l'aphide et l'évolution de sa population justifient notre observation. Nos résultats ont montré qu'une pression de sève supérieure à -7 bar et une concentration en azote au niveau de la plante hôte supérieure à 50% favorisent d'établissement de l'aphide. Par contre, le phosphore, le calcium et le sodium n'ont aucune importance pour l'installation de *P. persicae*. En outre, la variation de la concentration mensuelle de l'azote agit positivement sur le poids corporel du puceron ainsi que sur l'évolution de ces populations sur pêcher. la mise en évidence de ces interactions concordent avec les travaux Dixon (1998) et Karley et *al.*, (2002) qui ont signalé la sensibilité des pucerons au profil des nutriments dans les plantes hôtes. Une analogie a été attestée par Huberty et Denno (2004) concernant l'effet indirect du manque d'eau sur l'établissement des insectes phytophages. Ces travaux expliquent les valeurs basses de la pression au niveau du phloème surtout pendant le mois de juin où la pluviométrie était faible associée à une température élevée à Jammel et à Chott Mariem (conditions arides). Dans ce sens, Garg et *al.*, (2001) ont montré que sous un climat aride la concentration des amino acides et des carbohydrates diminue au niveau de la sève du phloème. Il en est de même pour Oswold et Brewer, (1997); Bultman et Bell (2003) et Huberty et Denno (2004) qui ont souligné que la modification de la nutrition est un résultat des conditions arides. Dans le même contexte, les études de Dinant et *al.*, (2010) sur la complexité de la sève phloèmienne et son impact sur l'alimentation des pucerons ont montré l'importance de l'azote dans l'accroissement de la population aphidienne. Par contre, le calcium, le potassium interviennent uniquement dans la composition du phloème et agissent sur la variation de la pression de la sève. De la même manière, Mayasaka et *al.,* (2007) ont souligné l'importance de l'azote dans l'alimentation du puceron jaune de la canne à sucre, *Sipha flava* Forbes, et attribuent au potassium un rôle secondaire. En ce qui concerne l'importance de l'azote comme élément essentiel, Mattson, (1982) et Bernays (1992) ont indiqué que ce composé représente une source limite pour les pucerons. De plus, la quantité d'azote foliaire d'une plante joue un rôle déterminant dans la qualité de nutriment et dans la sélection de la plante hôte par ces insectes (Mc Neill et Southwood, 1978 et Bernays, 1992). Il est à ajouter que la concentration d'azote représente un facteur nutritionnel important pour le taux de multiplication et de survie, la fécondité et la dynamique des populations aphidiennes (Sandstrom et Petersson, 1994). En effet, la concentration en azote affecte la performance de l'aphide ainsi que son poids. De plus, Miyazaka et *al.*, (2007) ont signalé que la fertilisation azotée et potassique est susceptible d'augmenter la vigueur de la plante et par conséquent l'installation, la survie et la reproduction de l'aphide. En résumé, ces résultats confirment l'effet des plantes hôtes et des facteurs climatiques et, essentiellement, la température sur l'établissement et les particularités biologiques de *P. persicae* sur diverses hôtes du genre *Prunus*. De même, ils ont révélé l'importance de mode de conduite culturale sur la richesse de la plante hôte en sève et en azote et l'effet de ces deux facteurs sur l'intensité de la population de l'aphide et leur présence. Après avoir étudié les particularités morphologiques et biologiques de *P. persicae* en Tunisie, il s'est avéré nécessaire de suivre et d'identifier les ennemis naturels de cet insecte, d'étudier l'efficacité des ennemis les plus répandus. Ainsi, nous avons entamé cette étape dans une étude intitulée les ennemis naturels de *P. persicae* et évaluation de leur efficacité » et dont les résultats seront présentés dans le troisième chapitre de cette thèse.

CHAPITRE 3 :

Prospection et identification des ennemis naturels de *Pterochloroides persicae* (Hemiptera, Aphididae) en Tunisie et évaluation de leur efficacité

Prospection et identification des ennemis naturels de *Pterochloroides persicae* Cholodovsky (Hemiptera, Aphididae) en Tunisie et évaluation de leur efficacité

1. Introduction

En Tunisie, les arbres fruitiers à noyau sont susceptibles d'être endommagés par plusieurs espèces des pucerons dont *Pterochloroides persicae* Cholodovsky (*Hemiptera, Aphididae*) est le plus dommageable (Jerraya, 2003, Ben Halima et Ben Hamouda, 2005). Il prélève la sève à partir des tissus conducteurs des arbres hôtes. Ce prélèvement affaiblit l'arbre et peut causer la mort après quelques années. De même, ce puceron produit une grande quantité de miellat qui favorise le développement des champignons sur les feuilles ce qui réduit l'activité photosynthétique et en résulte une production des fruits de petit calibre de forme et de couleur anormale (Darwish et *al.*, 1989 et El-Trigui et *al.*, 1989). Face à ce ravageur, la recherche d'une stratégie de lutte biologique s'avère une nécessité. En effet, toute stratégie de lutte nécessite la reconnaissance du cortège des auxiliaires locaux associés à ce puceron. *P. Persicae*, comme tous les pucerons, il peut être limité dans la nature par un cortège de prédateurs, de parasitoïdes et des champignons entomopathogènes (Ferron et *al.*, 1993 et Silvie et *al.*, 1993). Les prédateurs ont une importance agronomique grâce à leur voracité et leur pouvoir de rompre le cycle biologique d'une population aphidienne (Rabasse et *al.*, 1978 et Robert, 1981). Ils peuvent par conséquent réduire la population avant la formation des ailés ce qui empêche la migration et la formation des nouvelles colonies. Généralement, les prédateurs sont des *Diptera* (*Syrphidae, Cecidomyidae*), des *Coleoptera* (*Coccinellidae, Cantharidae, Staphylindae, Carabidae*), des *Nevroptera* (*Chrysopidae, Hemerobidae*), des *Heteroptera* (*Anthocoridae, Miridae, Nabidae*) et des *Dermeptera* (*Forficulidae*) (Saharaoui et *al.*, 2001 et Ashraf, 2010) ou des *Mantidae* (Ben Halima Kamel et Ben Hammouda, 2005). Parmi les prédateurs, les *Coccinellidae* sont les plus utilisées dans la régulation de la population aphidienne (Atlhan et Guldal, 2009). Plusieurs espèces ont été utilisées telle que *Harmonia axyridis* Pollas 1773 (Mi et Young, 2002), *Hippodamia convergens* Guérin-Meville 1842 (Phoofolo et *al.*, 2007), *Coccinella septumpuntata* Linnaeus 1758 (Simelane et *al.* 2008), *Propylea dissecta* Mulsant 1866 (Omkar et Geetanjali, 2005) et *Coccinella algerica* Kovar 1977 (Ben Halima Kamel, 2010). Cette dernière est la plus répandue en Algérie et en Tunisie et s'observe tout près de plusieurs espèces aphidiennes (Sahraoui et *al.*, 2001 et Ben Halima Kamel, 2010).

Aussi, la régulation de la population aphidienne peut être aussi réalisée par l'utilisation des parasitoïdes qui peuvent êtres solitaires et spécifiques. Nous citons l'exemple d'*Aphidius transcaspicus* Telenga 1958 (*Hymenoptera, Braconidae*) parasitoïde spécifique du puceron farineux de prunier *Hyalopterus pruni* Geoffroy 1762 (Lozier et *al.*, 2008), *Lysiphlebus fabarum* Marshall 1896 (Hymenoptera, Braconidae) spécifique du puceron vert du pêcher *Myzus persicae* Sulzer 1776 (Matin et *al.*, 2009) et *Lysiphlebus testaceipes* Cresson 1880 (Hymenoptera, Braconidae) parasitoïde du puceron de melon *A. gossypii* (Rochat, 1997) et *Pauesia antennata* Mukerji 1950 (Hymenoptera, Braconidae) parasitoïde spécifique de *P. persicae*.

Cet aphide peut de même être régulé par des champignons entomopathogènes en l'envahissant par leurs hyphes (Minks et *al.*, 1987). Kenneth (1977) et Ben-Zev (1988) ont identifié *Thaxterosporium* turbinatum Kenneth 1986 (Entomophthorales, Neozygitacae) et *Entomophthora turbinata* Kenneth 1977 (Entomophthorale, Entomophthoracae) comme champignons entomopathogènes spécifiques de *P. persicae* en Israël.

En Tunisie, le cortège des auxiliaires de *P. persicae* n'est pas encore identifié ainsi que leurs efficacités ne sont pas encore étudiées.

Dans le présent chapitre, nous présentons une prospection des ennemis naturels près des colonies du puceron brun de pêcher et une évaluation de leur efficacité. Ceci permet de mieux connaitre les auxiliaires de ce ravageur afin d'adopter une stratégie de lutte plus rassurante pour l'environnement. Cette partie comporte trois volets qui sont :

  -Une identification morphologique et parfois moléculaire des différents auxiliaires recensés près des populations de *P. persicae* sur différentes plantes hôtes et dans divers biotopes de la Tunisie.

  -Une évaluation de l'efficacité prédatrice des larves des syrphes recensées

  -Et une analyse comparative de l'efficacité de *Coccinella algerica* prédateur de *P. persicae* par rapport à *Acyrthosiphum pisum* en examinant particulièrement l'efficacité des stades larvaires et adultes. De même, l'effet de la nature de l'alimentation sur la durée de développement, le poids corporel et la fécondité de *C. algerica* ont été discutés.

2. Matériel et méthodes

2.1 Détermination des prédateurs de *P. persicae*

La détermination des prédateurs de *P. persicae* s'est réalisée dans différents biotopes caractérisés par des climats contrastés : Jammel, Sidi Thabet et Chott Mariem durant les années 2008, 2009, 2010 et 2011. Des larves de coccinelles rencontrées proches des colonies de *P. persicae* sur les plantes hôtes ont été prélevées et élevées au laboratoire à 20°C, à une photopériode de 14 :10 (L. D) et à une humidité relative 60-80%, alimentées par *P. persicae* jusqu'au stade adulte puis identifiées en se basant sur la clé de Le Monnier et Livory, (2003). De même, les larves des syrphes ont été prélevées sur des colonies de *P. persicae*, élevées dans les mêmes conditions que les larves de coccinelles et déterminées aux stades imagos par la clé de Chandler (1969). Il en est de même pour les larves de Chrysopes qui sont identifiées aux stades adultes (Rotheray, 1991).

2.2. Champignons entomopathogènes : isolement, purification et identification

Les différentes souches des champignons entomopathogènes rencontrées à Sidi Thabet ont été isolées directement du cadavre de *P. persicae* (Goettel et Inglis, 1997). Des individus montrant les symptômes de mycoses entomopathogènes, ont été placés dans des boites de pétri contenant le milieu de cultures PDA (Potato-Dextrose-Agar) pour permettre le développement des champignons (Papierok et Hajek, 1997). Ce milieu de culture contient, de plus, un antibiotique pour éviter le développement des saprophytes et des bactéries (Butt et Goettel, 2000). Ces opérations ont été effectuées sous une hotte à flux laminaire pour garantir les conditions d'asepsie au laboratoire de phytopathologie à l'ISA Chott Mariem. Par la suite, les boites ont été placées dans un incubateur à une température égale à $25\pm2°C$ et à une humidité relative de $75\pm5\%$ jusqu'à la multiplication du pathogène. La purification des champignons développés a été réalisée par des repiquages successifs sur le milieu d'isolement jusqu'à l'obtention d'une culture pure. Le repiquage des champignons à identifier a été effectué à la suite du prélèvement des explants fongiques à partir des bordures des colonies développées sur les milieux d'isolement. L'identification s'est reposée sur une observation globale des cultures intégrant à la fois la morphologie des colonies et l'observation microscopique (Tabuc, 2007). Quant à l'identification moléculaire, elle s'est basée sur une extraction d'ADN qui consiste à broyer environ 10 mg de mycélium dans un tube Eppendorf de 1,5 ml à l'aide d'un micro-pilon et un bâton stérile en plastique. Le mélange obtenu a été suspendu dans 500 µl de tampon stérile d'extraction d'ADN fongique. 500 µl de Phénol-chloroforme-alcool- isoamylique a été ajouté par la suite. Puis une centrifugation pendant 8 min à 10000 rpm suivie

d'une incubation d'une heure à 37°C. 500 µl du Phénol-chloroforme-alcool- isoamylique ont été supplémenté au surnageant mélangée avec 10 µl d'ARN ase. Pour une troisième fois, 500 µl de Phénol-chloroforme-alcool- isoamylique ont été additionnés au mélange. L'ensemble est centrifugé durant 8 min à 10000 rpm. Le surnageant est extrait dans 2,5 * V d'éthanol (100%) et incubé 2 min à la température ambiante. Par la suite, une centrifugation à 12000 rpm durant 2 min. Le culot obtenu est lavé avec 200 µl d'éthanol. Il s'ensuit une incubation à

50°C durant une heure et une remise en suspension dans 50 µl d'eau distillée stérile. L'ADN extrait a été évalué à 1% (Tris/Acide acétique/EDTA° TAE gel d'agarose coloré au bromure d'éthidium). Le séquençage du produit PCR a été réalisé dans le laboratoire STAB VIDA Portugal.

Tableau 16: Nombre de larves des syrphes collectées selon les biotopes

Dates	Sites	Total des larves	Larves du premier stade
16.02.09	Sidi Thabet	3	1
11.03.09	Sidi Thabet	7	3
7.04.09	Sidi Thabet	5	1
19.04.09	Sidi Thabet	4	0
20.03.04	Chott Mariem	3	0
6.04.09	Chott Mariem	6	2
14.04.09	Chott Mariem	2	0
22.04.09	Chott Mariem	4	1
05.05.09	Chott Mariem	1	0
12.05.09	Chott Mariem	2	0
22.03.09	Jammel	4	1
6.04.09	Jammel	8	3
16.04.09	Jammel	3	0
26.04.09	Jammel	5	2
7.05.09	Jammel	2	0

2.4. Méthode d'évaluation de la prédation de *Coccinella algérica* Kovar

Dans le but d'évaluer le taux de prédation de *P. persicae* dans un milieu (élevage) contrôlé (température, humidité relative et photopériode), nous avons procédé à l'élevage de *C. algerica*. Le choix a porté sur cette coccinelle vu son abondance auprès des pullulations de *P. persicae* au stade larvaire ainsi qu'au stade adulte.

2.4.1. Méthode d'étude

Le taux de prédation de *P. persicae* par *C. algerica* a été fait en comparaison avec un autre aphide (*A. pisum*) dont la taille est similaire et l'élevage est facile. Ce puceron a été collecté des plantes de fève (*Vicia fabae*) à l'Institut Supérieur Agronomique de Chott-Mariem et amené au laboratoire pour être placé sur de nouvelles plantes de fève de 20 cm de longueur (Fig.36 a et b). Ensuite, des plants contenus dans des pots de 15 cm de diamètre ont été mis dans des cages de plexiglas à une température de 25°C et à une photopériode de 14 heures d'éclairement. Ceci a permis d'obtenir un nombre suffisant de proies nécessaires pour l'alimentation de *C. algerica*. Parallèlement, une colonie de *P. persicae* a été élevée sur des rameaux de pêcher placés dans une solution du KNOP dans les mêmes conditions.

118

Figure **36** : Elevage d'*Acyrthosiphum pisum* sur face inférieure de la fève (a : plants dans des pots, b : *A. pisum* sur feuilles de fève)

Les coccinelles ont été collectées près des pullulations de *P. persicae* sur pêcher et des plantes de fève infestés par *Aphis fabae*. Elles ont été élevées au laboratoire et alimentées à base de nectar et d'*Aphis fabae* afin de stimuler la ponte et la fertilité (Phoofolo et al., 2007).

2. 4.2. Mesure de la prédation des stades larvaires

Les larves néonates qui émergent (âge<24 h) (Fig. 37 A et B) ont été isolées dans des boites de pétri et alimentées à base de deux espèces de pucerons (*P. persicae* et *A. pisum*). En effet, 15 larves ont été concernées pour chaque traitement. Celles nourries par *A. pisum*, 60 individus ont été fournis alors que les larves élevées sur *P. persicae* reçoivent uniquement une vingtaine d'individus de façon quotidienne. Chaque jour, nous notons le nombre des pucerons restants, nous suivons le passage d'un stade larvaire à un autre et nous déterminons le taux de prédation des deux espèces aphidiennes par les stades juvéniles de *C. algerica*. De même, l'effet de la nature de la proie sur le développement larvaire du prédateur a été évalué.

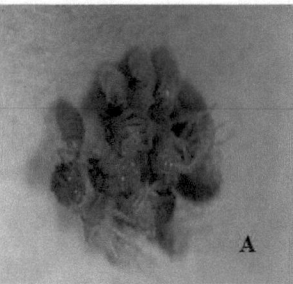
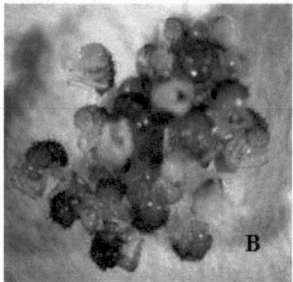

Figure 37: Larves néonates de *Coccinella algerica* utilisées dans l'essai (**A** : larves néonate, **B** : larves d'âge inférieur à 24 heures)

2.4.3. Approche d'évaluation de l'efficacité prédatrice des adultes de *C. algerica*

Les adultes de *C. algerica* ont été alimentés à base de *P. persicae* et d'*A. pisum* séparément. Deux traitements (30 adultes de *C. algerica* pour chaque traitement) ont été réalisés dans les mêmes conditions du laboratoire. Les coccinelles sont nourries chaque jour avec une dose d'*A. pisum* et de *P. persicae* similaire à celle présentée aux larves. Il est à signaler que les coccinelles ont été mises à jeun 24 h avant le traitement et le poids a été pris à l'aide d'une microbalance (résolution: 0,001 mg) avant le démarrage des essais. Toutes les 24 heures, l'effectif des pucerons non consommé a été compté tout en ajoutant de nouveau les mêmes doses de pucerons. L'effet de la proie sur la durée de vie des adultes des coccinelles, le poids corporel, la fécondité ont été déterminés.

2.5. Analyse statistiques

L'analyse statistique a été effectuée par le logiciel SPSS 18 (Statistical Package for the Social Sciences) par analyse de la variance ANOVA au seuil de 5%. La comparaison des moyennes de la durée du développement larvaire et de la durée de vie des adultes de *C. algerica* en fonction des proies, du taux de prédation, du poids corporel et des œufs pondus a été faite par le test de comparaison multiple de Duncan.

3. Résultats

3.1. Communauté associée à *P. persicae* recensé en Tunisie

Au cours des travaux menés en 2008, 2009, 2010 et 2011, nous avons pu recenser trois familles de prédateurs : Coccinellidae, Syrphidae et Chrysopidae (Tableau, 17). La famille des Coccinellidae (Coleoptera) est représentée par *Coccinella algerica* Kovar, présente près des pullulations de *P. persicae* sous la forme d'œufs, des larves (Fig. 38 a) et surtout des adultes (Fig.38 b). Durant 2009 et particulièrement courant les mois de mars, avril et mai, nous avons pu dénombrer plus de 289 coccinelles adultes réparties comme suit, 73 à Sidi Thabet, 127 à Chott Mariem et 89 à Jammel. Pareillement, 138 larves de différents stades de développement ont été observées à Chott Mariem (56%), à Jammel (29%) et à Sidi Thabet (15%).

Concernant les Diptera (Syrphidae), deux espèces sont obtenues après éclosion des larves (Fig.38 c) : *Metasyrphus carollae* Fabricus (Fig. 38 d) et *Episyrphus balteatus* De Geer (Fig. 38 e). A proximité des colonies de *P. persicae* sur pêcher et amandier, 51 larves ont été dénombrées durant 2009. Nous notons l'abondance de ces larves surtout à Chott Mariem et Jammel (82.4%) comparativement à celles observées à Sidi Thabet (17,6%).

Cependant, *Chrysoperla carnea* Stephens (Nevroptera, Chrysopidae) a été recensé sous forme larvaire à Chott Mariem en avril 2011 (Fig. 38 g) bien que la présence des œufs de Chrysope (Fig. 38 f) ait été notée à Chott Mariem et à Jammel avec un total de 19 œufs.

A coté des prédateurs, nous signalons la présence d'autres insectes près de pullulations de *P. persicae* qui vivent en symbiose. Il s'agit de *Vespula vulgaris* Linnaeus (Hymenoptera, Vespidae) (Fig. 38 h) et des fourmis (Hymenoptera, Formicidae) (Fig. 38 i).

Tableau 17. Principaux prédateurs aphidiphages rencontrés sur les colonies de *P. persicae* dans différents biotopes en Tunisie

Ordre	Famille	Espèces	Stades	Biotopes
Coleoptera	Coccinellidae	*Coccinella algerica*	Larves et adultes	Chott Mariem Jammel Sidi Thabet
Diptera	Syrphidae	*Metasyrphus carollae* *Episyrphus balteatus*	Larves	Chott Mariem Jammel Sidi Thabet
Nevroptera	Chrysopidae	*Chrysoperla carnea*	Œufs et larves	Chott Mariem

Le suivi des populations de *P. persicae* sur pêcher a permis en plus, la détection de 5 individus mycosés à Sidi Thabet pendant le mois de mars et d'avril 2009 présentant sur les téguments un mycélium blanc. Ces symptômes ont été observés sur les cadavres des adultes aptères. Par la suite, une identification morphologique et moléculaire a été conduite.

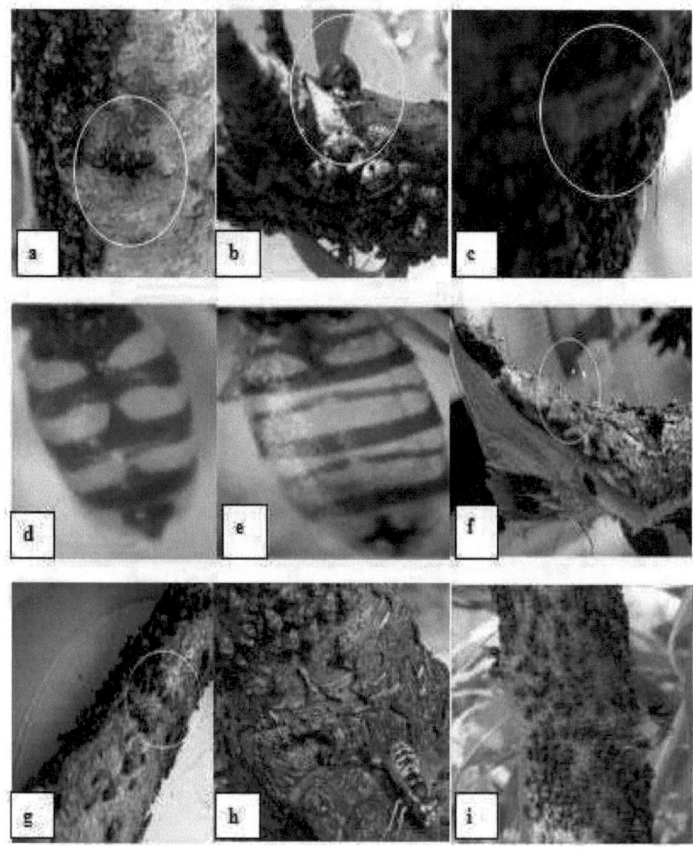

Figure 38: Communauté associée à *Pterochloroides persicae* recensée en Tunisie

(a : larve de *Coccinella algerica*, b : Adulte de *C. algerica*, c : larve de syrphe à proximité de pullulation de *P. persicae*, d : extrémité abdominale de *Metasyrphus carollae* adulte, e : extrimité abdominale d'*Episyrphus balteatus* adulte, f : Œufs de chrysope, g: larve de chrysope, h:*Vespula vulgaris* à proximité de pullulation de *P. persicae*, i : Fourmis à proximité de *P. persicae*.

L'isolement des champignons entomopathogènes a montré la présence de trois types de colonies mycéliennes, l'une de couleur noirâtre (Fig. 39 A), l'autre de couleur rose (Fig. 39 B) et la troisième de couleur crème (Fig. 39 C)

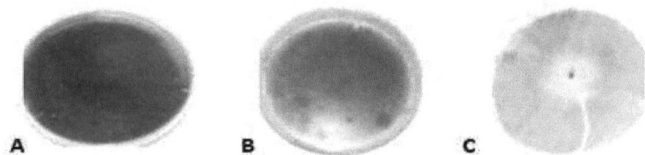

Figure 39: Colonies mycéliennes observés après isolement

(A : colonies mycéliennes noire, B : Colonies mycéliennes rose, C : colonies mycéliennes crème)

L'observation microscopique des colonies n'a pas permis de connaitre ces agents. De ce fait, nous avons opté à une identification moléculaire des champignons entomopathogènes recensés près de colonies de *P. persicae*. Cette approche révèle la présence de deux espèces différentes : *Beauveria bassiana* Viull (Hypocreales, Cordycipitacae) *et Metacordyceps liangshanensis* (Hypocreales, Clavicipitaceae) souche EFCC 1452 (Fig.40 A). Concernant *B. bassiana*, nos résultats prouvent la présence de deux isolats : *Beauveria bassiana* isolat KTU-17 (Fig. 40 B) et *Beauveria bassiana* isolat GC21 (Fig.40C).

A. Beauveria bassiana isolat **KTU-17**

```
ACCAGCGGAGGGATCATTACCGAGTTTTCAACTCCCTAACCCTTCTGTGAACCTACCTATCGTTGCTTCGGCGG
ACTCGCCCCAGCCCGGACGCGGACTGGACCAGCGGCCCGCCGGGGACCTCAAACTCTTGTATTCCAGCATCTT
CTGAATACGCCGCAAGGCAAAACAAATGAATCAAAACTTTCAACAACGGATCTCTTGGCTCTGGCATCGATGA
AGAACGCAGCGAAACGCGATAAGTAATGTGAATTGCAGAATCCAGTGAATCATCGAATCTTTGAACGCACATT
GCGCCCGCCAGCATTCTGGCGGGCATGCCTGTTCGAGCGTCATTTCAACCCTCGACCTCCCCTTGGGGAGGTCG
GCGTTGGGGACCGGCAGCACACCGCCGGCCCTGAAATGGAGTGGCGGCCCGTCCGCGGCGACCTCTGCGCAGT
AATACAGCTCGCACCGGAACCCCGACGCGGCCACGCCGTAAAACACCCAACTTCTGAACG
```
                    B. Beauveria bassiana **isolat GC21**

```
TTTTCAACTCCCAAACCCTTATGTGAACCTACCTATCGTTGCTTCGGCGGACTCGCCCCAGCCGGACGCGGACT
GGACCAGCGGCCGCCGGGGACCATCAAACTCTTGTATTATCAGCATCTTCTGAATACGCCGCAAGGCAAAACA
AATAAATTAAAACTTTCAACAACGGATCTCTTGGCTCTGGCATCGATGAAGAACGCAGCGAAATGCGATAAGT
AATGTGAATTGCAGAATCCAGTGAATCATCGAATCTTTGAACGCACATTGCGCCCGCCAGCATTCTGGCGGGC
ATGCCTGTTCGAGCGTCATTTCAACCCTCGACCTCCCTTTGGGGAAGTCGGCGTTGGGGACCGGCAGCACACCG
CCGGCCCTGAAATGGAGTGGCGGCCCGTCCGCGGCGACCTCTGCGTAGTAA
```
                    C. Metacordyceps liangshanensis strain EFCC 1452

```
GCCGGTACCGGTGAGTTCGAGGCTGGTATCTCCAAGGATGGCCAGACCCGTGAACACGCTCTGCTCGCCTATA
CCCTGGGTGTCAAGCAGCTCATTGTTGCCATCAACAAGATGGACACTGCCAACTGGGCCGAGGCTCGTTACCA
GGAAATCATCAAGGAGACCTCCAACTTCATCAAGAAGGTCGGCTACAACCCCAAGACTGTTGCCTTCGTCCCC
ATCTCCGGTTTCCACGGTGACAACATGCTTGCCCCCACCGCCAACGCCCCCTGGTACAAGGGTTGGGAGCGTG
AAACCAACGCCGGCAAGTCTACTGGCAAGACCCTCCTTGAGGCCATTGACTCCATTGAGCCCCCCAAGCGTCC
CGTCAACAAGCCCCTCCGTCTTCCCCTCCAGGATGTCTACAAGATTGGTGGTATCAGCACAGTACCTGTCGGC
CGTATCGAGACTGGTGTCCTCAAGCCCGGTATGGTCGTTACCTTCGCTCCTTCCACGTCACCACTGAAGTCAAG
TCCGTCGAGATGCACCACAAGCAGCTCACTGAGGGTGTTCCCGGTGACAACGTTGGTTTCAACGTGAAGAACG
TCTCCCTTCAAGGACATTCGC
```

Fig. 40. Séquences des champignons entomopathogènes isolées de *P. persicae*

3.2. Efficacité prédatrice des larves des syrphes

Nous avons constaté après émergence des adultes l'existence de deux espèces de syrphes : *E. balteatus* et *M. carollae*. La détermination de la durée du développement des stades immatures révèle que la durée de développement d'E. *balteatus* est de 9 ,18±1,53 jours alors que celle de *M. carollae* est de 9,3±1,41 j (Tableau 18). La consommation journalière des larves est de 3,20±0,43 et 3,50±0,52 pour *E. balteatus* et *M. carollea* respectivement. En général, une larve d'*E. balteatus* ou de *M. carollae* consomme pendant toute une période de 9,18±1,53 à 9,3±1,41 j une moyenne de 29,45±12,20 à 32,6±8,60 individus de *P. persicae*.

Tableau 18. Durée de développement et nombre du *P. persicae* consommé par jour par les stades immatures d'*E. balteatus* et *M. carollae*.

Espèces	Durée de développement (Jours)	Moyenne de pucerons consommés	Puceron consommé/ jour
E. balteatus (n=9)	9,18±1,53	29,45±12,20	3,20±0,43
M. carollea (n=5)	9,3±1,41	32,6±8,60	3,50±0,52

3.3. Activité prédatrice de *C. algerica*

L'efficacité de *C. algerica* a été étudiée en déterminant le taux de prédation sur *P. persicae* par les quatre stades larvaires et de l'adulte en comparaison avec *A. pisum*.

3.3.1. Stades larvaires

Les résultats récapitulés dans le tableau (19) montrent que le taux de prédation est significativement plus important dans le cas d'A. *pisum* que de *P. persicae* pour tous les stades larvaires. La prédation des stades immatures de *C. algerica* à partir du premier stade larvaire jusqu'au stade pupe est de l'ordre de 57,3 pucerons d'*A. pisum*. Il est seulement de 30,13 individus pour *P. persicae*.

Tableau 19. Durée de développement et consommation journalière des stades larvaires de *C. algerica* alimentées par *P. persicae* et par *A. pisum*

C. algerica Stades larvaires	Durée de développement (heures)		Nombre du puceron consommé /jour	
	A. pisum	*P. persicae*	*A. pisum*	*P. persicae*
L1	73,6±6,19[a]	66,85±19,24[b]	12,04±3,45[a]	10,77±1,92[a]
L2	75,2±8,44[a]	70,28±19,88[b]	16,75±4,45[a]	10,26±0,26 [b]
L3	76,4±6,21[a]	63,42±17,87[b]	18,75±5,23[a]	6,73±0,81[b]
L4	67,6±2,90[a]	51,42±20,74[b]	9,76±6,14[a]	2,77±2,44[b]
Total	292,2	251,97	57,3	30,13

Les moyennes indiquées par des lettres différentes sont significativement différentes selon le test Duncan, $P \leq 0.05$

De plus, les figures 41 et 42 illustrent une prédation de *P. persicae* durant la première phase de développement larvaire, ou 72,3% ont été consommés par la première et la deuxième larve. Par contre, 57,5% des individus d'*A. pisum* ont été consommés par la deuxième et la troisième larves.

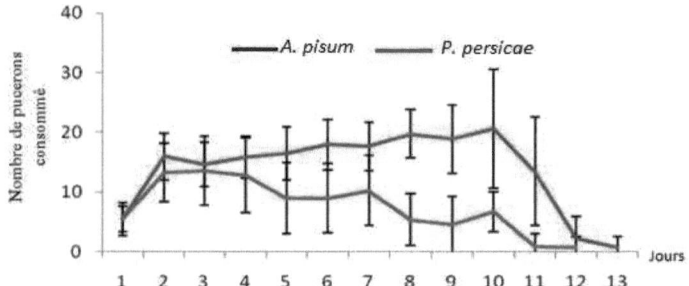

Figure 41. Nombre moyen (±SD) de *P. persicae* et d'*A. pisum* consommé par jour par les larves de *C.algerica*

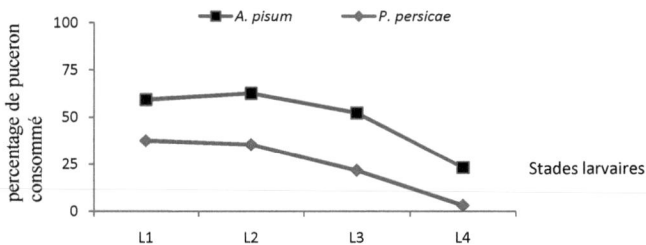

Figure 42. Pourcentage de puceron consommé par différents stades larvaires de *C. algerica*
(L1 = 1er stade larvaire, L2 = 2ème stade larvaire, L3= 3ème stade larvaire, L4= 4ème stade larvaire)

3.3.2. Capacité prédatrice de l'adulte

C. algerica consomme plus d'*A. pisum* que *P. persicae* (Fig. 43). En effet, l'adulte est capable de dévorer en moyenne 79,68±1,88 individus d'*A. pisum* et uniquement 9,18± 0,088 individus

125

de *P. persiace*. Il en ressort une préférence pour *A. pisum* plutôt que pour *P. persicae* et une prédation plus importante au stade adulte comparée au stade larvaire de cette coccinelle.

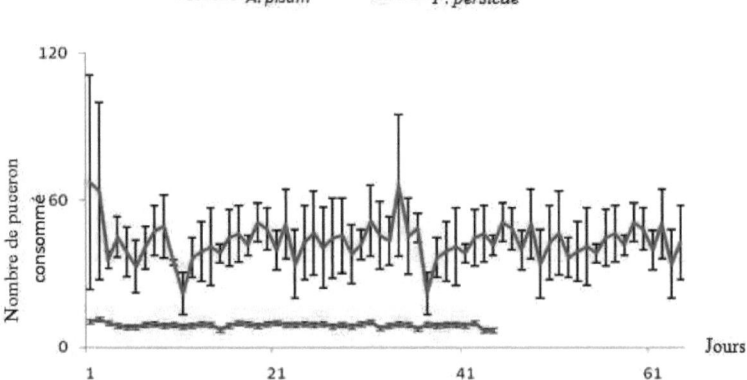

Figure 43. Nombre moyenn (±SD) de *P. persicae* et d'*A. pisum* consommé par jour par l'adulte de *C. algerica*

3.3.3. Effet de la nature de la proie sur la table de vie des *C. algerica* (Larves et adultes)

Le tableau (21) montre que l'espèce aphidienne servant de proie pour *C. algerica* a un effet significatif sur la durée du développement des stades immatures de *C. algerica*. En effet, la période de développement de ces stades immatures alimentés en *P. persicae* est plus courte par rapport à ceux alimentés en *A. pisum*. Le tableau (20) indique que la période de développement du *C. algerica* nourris par *A. pisum* est de 12,16±1,8 alors qu'elle est de 9,8 ±4,8 jours pour *P. persicae*. De plus, le taux de mortalité des larves de *C. algerica* alimentées par *P. persicae* est plus notable (20%) par rapport à celui des larves nourris par *A. pisum* (16%). La mortalité la plus élevée a été enregistrée durant la première phase de la période de développement larvaire pendant les sept premiers jours. En outre, la mortalité des larves alimentées à base d'*A. pisum* s'est enregistrée pendant la deuxième phase de développement des stades immatures où 43% des larves mortes sont enregistrés durant la période de développement du 4ème stade larvaire.

Concernant la longévité des adultes, elle varie en fonction de la nature de la proie. En effet, la longévité la plus importante est notée chez les adultes alimentés en *A. pisum* (65±1,52 jours). Elle est de 42±18,66 jours pour ceux nourris en *P. persicae* (Tableau 21).De la même manière, l'impact de la nature de la proie sur la mortalité des adultes a été démontré. Les

126

coccinelles élevées à base de *P. persiace* présentent une mortalité considérable comparées à celles nourries à base d'*A. pisum* (Tableau 21). La nature de la proie agit sur la table de vie de *C. algerica* et *P. persicae* semble être moins préféré par ce prédateur.

Tableau 20. Période moyenne du développement, prédation journalière et mortalité pour les stades immatures de *C. algerica* élevés sur *P. persicae* et *A. pisum*

Paramètres Espèce	Période du développement (en jours)	Puceron consommé/ jours	Mortalité totale (%)
P. persicae	9,8±4,8[a]	7,05±4,42[a]	20± 2,6
A. pisum	12,16±1,8[b]	13,82±4,91[b]	16±4,56

Les moyennes indiquées par des lettres différentes sont significativement différentes selon le test Duncan, P≤0.05

Tableau 21. Durée de vie, prédation journalière et mortalité de *C. algerica* adulte élevée sur *P. persicae* et *A. pisum*

Adulte de *C. algerica* puceron	Durée de vie (jours)	Nombre du puceron consommé /jour	Mortalité totale (%)
P. persicae	42±18,66[b]	9,18±0,88[b]	13,3±0,34[a]
A. pisum	65±1,52[a]	79,86±1,88[a]	7,6±0,18[b]

Les moyennes indiquées par des lettres différentes sont significativement différentes selon le test Duncan, P≤0.05

3.3.4. Effet de la proie sur le poids corporel et la fécondité des adultes de *C. algerica*

L'effet de la nature de la proie sur le poids corporel des adultes de *C. algerica* est significatif. En effet, les adultes alimentés par *A. pisum* ont un poids plus important (0,0322 ±0,001 g) que ceux nourris à base de *P. persicae* (0,0296±0,002). Dans le même contexte, le changement de l'espèce du puceron défini comme proie de *C. algerica* adultes a des incidences sur la fécondité (Tableau 22).

Durant la période d'observation, la moyenne de ponte de *C. algerica* alimenté à base d'*A. pisum* est de l'ordre de 33 œufs par jour et par femelle. Par contre, elle est de 20 œufs pour les femelles alimentées à base de *P. persicae*.

Tableau 22. Poids moyen corporel et moyenne des œufs pondus par l'adulte de *C. algerica*.

Adulte de *C. algerica*	Poids moyen corporel	Fécondité
A. pisum	0,0322±0,001[a]	33±0,4[a]
P. persicae	0,0296±0,002[b]	20±0,12[b]

Les moyennes indiquées par des lettres différentes sont significativement différentes selon le test Duncan, P≤0.05

4. Discussions et conclusions

L'identification des ennemis naturels de *P. persicae* en Tunisie et l'évaluation de l'efficacité prédatrice des larves des syrphes et des larves et des adultes de *C. algerica* ont été prouvées. De même, l'impact de la nature de la proie sur la table de survie de *C. algerica* (larves et adultes), sur le poids corporel et la fécondité des adultes de *C. algerica* ont été conduits.

4.1. Ennemis naturels de *P. persicae* recensés en Tunisie

Le suivi des ennemis naturels de *P. persicae* en Tunisie a recensé 4 espèces de prédateurs aphidiphages : *C. algerica, M. carollae, E. balteatus* et *C. carnnea* et deux espèces de champignons entomophages *Beauveria bassiana* isolat KTU-17 et GC21 et *Metacordyceps liangshanensis* strain GC2. Ces résultats sont en accord avec les travaux d'El-Trigui et El-Shérif (1989) et ceux de Ben Halima Kamel et Ben Hamouda (2005) qui ont identifié les principaux prédateurs aphidiphages sur les colonies de pucerons dans les régions du Centre et du Sud. Ces auteurs ont rapporté la présence des Coccinellidae (*Coccinella septumpunctata* et *Hippodamia sp*), des Syrphidae et des Chrysopidae (*Chrysoperla carnea*). Les mêmes auteurs prouvent la présence d'autres prédateurs des familles des Anthocoridae, Miridae, Staphilinidae, Sphecidae, Forficulidae, Cecidomyiidae, Nabidae, Thomisidae, des Mantidae et des Saltticidae. Nos résultats concordent avec ceux de Ben Halima Kamel et Ben Hamouda (2005) et Ben Halima Kamel (2010) qui ont confirmé que *C. algerica* est un prédateur d'importance économique en Tunisie et ceux de Burgio et *al.*, (2005), de Lommen et *al.*, (2008) et de Simelane et *al.*, (2008) qui ont montré l'importance économique des Coccinellidae. Concernant les syrphes, leur activité aphidiphage a été mentionnée par Chambers et *al.*, (1986) et White et *al.*, (1995). Les syrphes sont voraces uniquement aux stades larvaires et sont capables de chercher les pucerons dès le premier stade larvaire et sont actifs surtout la nuit (Lyon, 1983 et Chambers, 1988). En ce qui concerne les Cecidomyiidae, Ratheray (1991) a considéré *Aphidoletes aphydimyza* Rondani, *Aphidoletes urticariae* Kieffer et *Monobremia subterranea* Kieffer des prédateurs aphidiphages participant à la régulation des populations aphidiennes. Cette prédation s'effectue uniquement durant leurs trois stades larvaires (Remaudière et Leclant, 1971). Quant aux Nevroptera Chrysopidae, Lathman et Mills (2009) ont révélé une activité au stade larvaire près des colonies aphidiennes. D'ailleurs, *C. carnea* est l'espèce la plus vorace des pucerons (Ben Halima et Ben Hamouda, 2005). De plus, Rosenheim et *al.,* (1993) ont signalé l'utilisation de cette chrysope dans un programme de lutte biologique contre *A. gossypii* et *M. persicae.*

Pour les champignons entomopathogènes de *P. persicae,* une discordance est soulevée avec les travaux de Kairo et Poswal (1996) qui ont mentionné la présence de *Capnodium sp* et de Tsinovskii et Egina (1972) qui ont prouvé la détection de *Conidiobolis obscurus.* En 1988, Ben-Zev a signalé le champignon *Taxterosporium tubinatum* Kenneth en Israël. Il est à noter que l'isolement de *B. bassiana* et *M. liangshanensis* de *P. persicae* était décrit pour la première fois. Ceci constitue une nouveauté scientifique et nécessite des investigations plus poussées permettant d'évaluer leur action sur *P. persicae.* Les effectifs réduits de notre essai n'ont pas permis de voir cela. Ferron et *al.,* (1993) et Sevim et *al.,* (2012) ont souligné que *B. bassiana* est un entomopathogène généraliste pour tous les insectes. En outre, Gurulingappa et *al.* (2011) ont prouvé l'importance de *B. bassiana* dans la régulation des populations d'*A. gossypii* par la réduction de la survie et de la fécondité de ce ravageur et pourrait être un excellent candidat comme mesure alternative aux pesticides de synthèse dans le cadre d'un programme de lutte biologique et intégrée en agroécosystème.

4.2. Capacité prédatrice des larves des syrphes

Les larves d'*E. balteatus* et de *M. carollae* sont capables de consommer entre 29 et 32 individus de *P. persicae* durant une période de développement larvaire de l'ordre de 9 jours. Ces résultats sont similaires à ceux d'Ankersmit et *al.,* (1986) qui ont montré que le développement larvaire d'*E. balteatus* à 20°C, alimenté à base de *S. avenae* dure 10,1 jours. En plein champs, elle peut atteindre les 45 jours. D'ailleurs, Hong et Hung, (2010) ont signalé que la durée de développement larvaire d'*E. balteatus* varie en fonction de la température. Cette durée est de 7,6 j à 26,6°C et de 7,1 j à 29,9°C. Les auteurs ont prouvé que la consommation moyenne d'*A. gossypii* par cette syrphe dépend de la température, de 30.6 et 32,2 individus à 30,6 et 27,5°C respectivement. Pour une température constante (29,5°C), la moyenne de consommation varie avec la nature de la proie. Cette moyenne est de 31,2±1,03 pour *A. gossypii*, de 28,2±0,55 pour *A. craccivora* et de 31,4±1,88 en *M. persicae*. Hindayana et Co-workers (2001) *in* Hong et Hung (2010) ont démontré que la moyenne de consommation durant le développement larvaire dépend de la taille de la proie (147,5 *A. fabae*, 61,5 *A. pisum*). Zhou et Zhong (1993) ont montré que la durée de développement larvaire de *M. carollae* à une température comprise entre 20 et 25°C dépend de l'espèce aphidienne. En effet, cette durée est 11; 10,2 ; 10,1 et 10,6 jours sur *Macrosiphum avenae* Fabricius, *R. padi, Acyrthosiphum dirhodum* Walker et *A. pisum* respectivement. Les mêmes auteurs ont ajouté qu'avec une proie adéquate, une larve de *M. carollae* nécessite 80 aphides. Dans le même contexte, Hanzhong et Huifang (1992) ont prouvé une variation du taux de survie des larves de *M. carollae* en fonction des espèces des pucerons.

4.3. Activité prédatrice de *C. algerica*

Le taux de prédation de *P. persicae* par les quatre stades larvaires et l'adulte de *C. algerica* montrent une consommation variable de *P. persicae* en fonction du stade. En effet, la prédation d'A. *pisum* parait plus importante que *P. persicae*. Dans ce contexte, Similane et *al.*, (2008) ont montré que *C. septumpunctata* dont la morphologie et la biologie sont similaires à *C. algerica* (Marin et *al.* ,2010) élevé dans les mêmes conditions de température et de photopériode consomme 9,7 pucerons par jour. Ces résultats révèlent une faible prédation des stades immatures comparés à d'autres espèces de coccinelles. Mi et Young (2002) ont montré que le premier, le second, le troisième et le quatrième stade larvaire de *Harmonia axyridus* Pallas consomment (à 25°C et pendant 24 h) 32,67; 105,67; 199,67 et 212,33 d'*Aphis forbesi* Weed respectivement. Par contre, Atlhan et Gludal (2009) ont signalé qu'une larve de *Scymnus subvillosus* Goeze consomme 20 individus d'*H. pruni* par jour. De plus, Latham et Mills (2010) indiquent qu'*H. axyridis* est capable de consommer environ 70,1 *H. pruni* par jour. En ce qui concerne les adultes de *C. algerica*, il a été révélé une consommation de moins de 10 individus de *P. persicae* par jour. Le même prédateur consomme environ 79 individus d'*A. pisum*.

Nous pouvons en déduire que *C. algerica* adulte ne présente pas une préférence pour *P. persicae* mais il est capable de consommer ce ravageur aux stades immature et adulte. Dans ce concept, Similane *et al.* (2008) ont d'ailleurs démontré que l'adulte de *C. septumpunctata* montre une préférence à *A. gossypii* plus qu'*Aphis fabae* Scopoli. Cette coccinelle consomme 121,7 et 40 individus par jour d'*A. gossypii* et d'*A. fabae* respectivement. De même, Gagne *et al.* (2002) ont conclu que la sélection de la proie est nécessaire pour le développement des stades immatures des coccinelles. Gagne *et al.* (2002) ont signalé que la recherche et l'attraction vers les œufs se fait par des substances chimiques se trouvant au niveau des œufs.

Dans un autre sens, nos travaux démontrent que la durée de développement des stades immatures de *C. algerica* élevés sur *P. persicae* dans les mêmes conditions de température et d'humidité est plus courte de 9,8±4,80 jours comparée à celles de *C. algerica* élevés sur *A. pisum* (12,6±1,80 j). En effet, Awadallah et Khalil (1970) in Similane *et al.* (2008) ont démontré que la durée de développement des stades immatures de *C. septumpunctata* élevée sur *A. fabae* à 26°C est de 13,4 jours. De même, Omkar et Geetanjali (2005) ont prouvé que cette durée pour *Propylea dissecta* élevée sur *Aphis craccivora* Koch est de l'ordre de 14,24 jours et est faible comparativement à ceux nourris de *M. persicae* (20,11 jours). Ceci démontre l'effet des espèces (proies pour coccinelles) sur la variation de la période de développement des stades immatures que sur la survie de *C. algerica* en fonction des espèces aphidiennes. Omkar et Geetanjali (2005) ont révélé cet effet sur la survie des larves de *P. dissecta* et ont estimé le pourcentage de survie des larves élevées sur *A. craccivora* à 97,56 %. Ce pourcentage décroit à 78% en cas d'élevage sur *Aphis nerii*. Le pourcentage de mortalité élevé des larves et des adultes de *C. algerica* et la durée courte de développement des stades immatures justifient l'inefficacité de *C. algerica* comme prédateur de *P. persicae*. Nous notons aussi qu'une alimentation à base de *P. persicae* affecte le poids corporel et la fécondité de *C. algerica*. Obrrycki et Orr (1990) et Atlhan et Guldal (2009) ont démontré l'effet de l'espèce aphidienne comme proie sur la taille et la fécondité de *C. septumpunctata* et *S. subvillosus*. En outre, Omkar et Geetanjali (2005) ont dévoilé la différence significative de la fécondité de *P. dissecta* alimenté à base d'*A. craccivora* et d'*A. nerii*. Cette fécondité est de 941,80 et de 153 œufs respectivement. D'ailleurs, Atlhan et Guldal (2009) ont constaté que la fécondité de *S. subvillosis* peut être affectée aussi par la densité de la proie. Elevée à différentes densités d'*H. pruni,* cette coccinelle a une fécondité qui varie entre 98,86 et 232 œufs. En conséquence à ses observations, *P. persicae* est une proie non préférentielle (alternative). Ceci a un effet certes sur le poids corporel et a un impact sur la physiologie en agissant sur la fécondité du prédateur.

Dans ce volet, une identification des ennemis naturels du *P. persicae* en Tunisie est abordée ainsi qu'une évaluation de l'efficacité de *C. algerica* et des larves de syrphes. Cette évaluation a prouvé l'inefficacité de ces prédateurs pour éventuel programme de lutte biologique en Tunisie. Toutefois, en rappelant que *P. persicae* est une espèce exotique en Tunisie, un programme de lutte par acclimatation devrait être fait. Ceci justifie l'approche abordée par l'introduction de *Pauesia antennata* (Hymenoptera, Braconidae) et l'évaluation de son efficacité dans différentes conditions expérimentales.

CHAPITRE 4:

Potentiel biotique de *Pauesia antennata* Mukerji 1950 (*Hymenoptera, Brachonidae*) parasitoïde de *Pterochloroides persicae* Chlodkovsky 1899 (*Hemiptera, Aphididae*)

Potentiel biotique de *Pauesia antennata* Mukerji 1950 (*Hymenoptera, Brachonidae*) parasitoïde de *Pterochloroides persicae* Chlodkovsky 1899 (*Hemiptera, Aphididae*)

1. Introduction

Dans les champs, l'arboriculture fruitière est susceptible d'être endommagée par la présence et le développement des bio-agresseurs (pathogènes et insectes). Les conséquences de telles attaques sur ces cultures peuvent être relativement importantes allant parfois jusqu'à la perte totale de la production. En Tunisie, les arbres fruitiers à noyaux sont sujets d'attaques de divers ravageurs (Jerraya, 2003 et Trigui, 2009). A ce titre, nous citons le puceron brun du pêcher *P. persicae* dont les populations se produisent d'une manière massive pouvant causer des dégâts considérables touchant l'arbre et les fruits (El-Trigui et *al.*, 1989). Face à ce ravageur, différentes méthodes de lutte ont pu être développées telle que la lutte chimique (Cross et Poswal, 1996). L'application de produits phytosanitaires, lentement dégradables a un effet nocif sur l'environnement (Hemptinne et *al.*, 1995 et Andeev et Kutinkova, 2004) ainsi que la possibilité de l'émergence des espèces résistantes (Delorme et *al.*, 1997; Bylemans, 2000) à certains produits chimiques (Ciglar et Baric, 2001 et Cross et *al.*, 2007) sans oublier leurs effets nuisibles sur les arthropodes auxiliaires (Wyss et Daniel, 2004 et Angeli et Simoni, 2006). Face à cette situation, d'autres approches de lutte devraient prendre place. Dans ce cadre que l'agriculture biologique dispose d'une gamme de technologie plutôt moderne pouvant remplacer le recours à ces produits de synthèse. L'une des premières méthodes appliquées est l'utilisation des huiles minérales ou végétales, des savons insecticides et des insecticides d'origine végétale (Ateyyat et Abu-Darwish, 2009) ou la sélection variétale (Cross et Poswal, 1996). Cependant, l'efficacité de la plupart de ces produits est fortement liée aux conditions climatiques (Cross et *al.*, 2007). Une deuxième méthode vise à utiliser des prédateurs ou parasitoïdes afin de réduire le nombre de traitement insecticide et, par conséquent, leur impact. Leur utilisation dans la lutte biologique contre le puceron brun du pêcher est fortement recommandée. Cette technique nécessite une connaissance approfondie et une gestion intelligente du système agricole pour que les populations du ravageur aient de la difficulté à trouver leurs hôtes pour maintenir la pression phytosanitaire en dessous d'un seuil économique critique (Jourdheuil et *al.* 2002). Dans ce cadre, la recherche des auxiliaires associés à *P. persicae* a été conduite par différents auteurs qui ont attesté l'omniprésence des prédateurs : Diptera (syrphes), et Coleoptera (coccinelles)

(Kairo et Poswal ,1995; Cross et Paswol, 1996 et Mdellel et Ben Halima, 2012). Ces auteurs ont souligné que la majorité de ces prédateurs sont des généralistes et ne peuvent pas affecter significativement la population de *P. persicae*. Néanmoins, Stary et al., (2005) et Rakhshani et al., (2005) ont signalé la présence des parasitoïdes du genre *Pauesia* (Hymenotera, Braconidae) spécifique au Lachninae. Dans ce sens, l'introduction de *Pauesia* a été réalisée dans les pays où les Lachninae ont fait une résurgence. En effet, en Afrique du sud, *Pauesia cinaravora* Marsh a été introduit avec succès en 1983 contre *Cinara cronartii* Tissot et Pepper (Kfir et Kirsten, 1991; Marsh, 1991 et Kfir et al., 2003). De même, *Pauesia cedrobrii* Stary et Leclant a été lâché contre *Cinara laportei* Rem au Maroc et au sud de la France (Fabre et Rabasse, 1987). Concernant *P. persicae*, *Pauesia antennata* est le seul parasitoïde spécifique signalé (Cross et Paswol, 1996 et Rakhshani et al., 2005). Ces auteurs ont signalé sa présence au Pakistan, en Iraq et en Iran. Néanmoins, des informations limitées concernent le potentiel biotique de ce *Braconidae* et de son efficacité méritent d'être comblées (Cross et Paswol, 1996). Cette étude nécessite un élevage en masse et une acclimatation par des lâchers. Cette approche a été utilisée avec succès dans les champs ouverts pour plusieurs espèces des pucerons (Winler et al., 2005) et a conduit à la réduction permanente de plus de 165 espèces des ravageurs dans le monde entier. C'est dans ce contexte que nous avons essayé d'introduire *P. antennata* en Tunisie et d'évaluer son efficacité dans des conditions contrôlées du laboratoire ainsi qu'en plein champs.

2. Matériel et méthodes

2.1. Origine du parasitoïde

P. antennata est introduit en Tunisie en 2008 par Ben Halima Kamel avec l'aide d'Ehsan Rakhshani (Université Tarbiat Modarres, Iran) sous forme de momies récoltées des pullulations du puceron brun sur amandier *Prunus amygdalis* de la région de Taftan (Altitude : 1498 m, Iran). Environ 256 momies ont été introduites en Juin 2008. Une deuxième introduction a été faite en Mai 2011(38 momies).

2.2. Techniques d'élevage

Dans des conditions contrôlées, de température moyenne $21\pm1°C$ et à une humidité de $60\pm10\%$ favorable à la multiplication et l'émergence des parasitoïdes (Hofsvang et Hagvar, 1983 et Abdel-Haak, 2001), les momies introduites en mai 2011 ont été placées dans des boites spéciales pour émergence. Les parasitoïdes sont introduits dans les cages (en plexiglass de 60×60×60 cm) d'élevage de *P. persicae* sur des fragments de pêcher mis dans une solution de KNOP (Knop, 1969) maintenues dans les mêmes conditions de température et d'humidité.

Quelques gouttes du miel ont été mises sur les bords des cages afin d'améliorer la fécondité et prolonger la vie du parasitoïde (Jervis et Kidd, 1981).

2.3. Activité parasitaire de *P. antennata*

En vu de suivre cette activité, nous avons placé un couple près des colonies de *P. persicae* dans des cages en plexiglas (30 ×30 × 30 cm). Au total, 6 couples ont été placés séparément dans un premier essai reconduit 3 fois. Ces parasitoïdes ont été suivis de 6 heures à 18 heures. Nous notons l'horaire de la première ponte, l'hôte choisi par l'insecte, le nombre total de pontes et la période d'activité du parasitoïde. Ces expériences ont permis la description de l'activité parasitaire de *P. antennata*.

2. 4. Détermination des paramètres biologiques de *P. antennata*

Pour ce faire, un couple du parasitoïde a été placé à proximité des colonies de *P. persicae*. L'introduction s'est répétée 6 fois. Ces diverses expériences ont permis l'étude de certains paramètres biologiques chez *P. antennata* : (1) la vie imaginale des adultes, (2) la durée de développement, (3) la fécondité de la femelle, (4) le taux sexuel (Mondedji et *al.,* 2002 et Ouantinam *et al.* 2006)

2.5. Evolution du taux du parasitisme et d'émergence du parasitoïde en fonction de la taille de la population de *P. persicae* et la dose du parasitoïde

L'étude de l'évolution du taux du parasitisme et d'émergence de l'adulte de *P. antennata* en fonction de la taille de la population de *P. persicae* et la dose du parasitoïde a été analysée en fonction de la dose de *P. antennata* (d1, d2 et d3 correspondant respectivement à 1, 2 et 3 couples). Ceci a été conduit sur une population de *P. persicae* bien définie dans des cages en plexiglas (60×60×60 cm). La taille des populations variait respectivement: D1 (< à 50 individus), D2 (compris entre 50 et 100 pucerons) et D3 (> à 100 individus). Chaque essai s'est effectué sur la base de trois répétitions. Ces expérimentations ont permis de calculer le taux de parasitisme sur *P. persicae* par la formule de Ouantinam et al. (2006):

$$Tp= (Nhp/Nhd)*100$$

Tp= Taux de parasitisme, Nhp= nombre d'hôtes parasités, Nhd= nombre d'hôtes disponibles.
Dans le même concept, le taux d'émergence des parasitoïdes adultes a été déterminé par la division de nombre des parasitoïdes émergés par rapport à l'effectif total des momies.

2.6. Test de l'efficacité parasitaire de *P. antennata* en plein champs

Le test d'efficacité parasitaire de *P. antennata* en plein champ s'est réalisé par introduction du parasitoïde près des populations adultes de *P. persicae* sous manchons à des dates et dans des biotopes différents. En effet, un premier essai a été réalisé en juin 2008 à Chott Mariem par lâcher de 15 couples du parasitoïde peu âgés à raison de 5 couples sous manchons qui couvrent des fragments des pieds infestés dont la taille de la population de *P. persiace* dépasse 100 individus. De la même manière, 10 autres couples ont été testés à Jammel en Juin 2008. Les lâchers ont coïncidé avec l'enregistrement des températures de 27°C et l'enregistrement de trois jours de sirocco à la fin du mois. Un deuxième essai en mai 2011 s'est limité à Chott Mariem à raison de 6 couples dans des conditions semi contrôlées sur des rameaux de pêcher conduits sous insect-proof.

2.3. Analyse statistiques

L'analyse statistique a été effectuée par le logiciel SPSS 18 (Statistical Package for the Social Sciences) par analyse de la variance ANOVA au seuil de 5%. La comparaison des moyennes des paramètres du potentiel biotique du *P. antennata* étudiés est faite par le test de comparaison multiple de Duncan.

3. Résultats

3.1. Activité de *P. antennata*

Les résultats du suivi de l'activité parasitaire de *P. antennata* à une température de $21\pm1°C$ et une humidité de $60\pm10\%$ révèlent une durée d'activité près des colonies de *P. persicae* proche de 4 jours. Les piqures de l'hôte s'observent généralement à partir du 2ème jour et tendent à s'annuler au 4ème jour (Tableau, 278). Une analyse de la variance à $P<0.05$ montre une différence significative entre le nombre des piqûres enregistrées au premier et au quatrième jour comparativement à celles marquées au deuxième et au troisième jour ($f=9,3$; $P=0,05$). Il est à signaler que l'activité du parasitoïde est matinale à partir de 8 heures. En effet, durant quatre jours de suivi, pour 51 piqures enregistrées au total, 94% des piqures ont été observés entre 8 heures et 12 heures. Il est intéressant de souligner que 84% du total des piqûres ont été enregistrés entre 10 heures et 12 heures (c.a.d. 43 piqures).

Tableau 28. Nombre des piqûres par heure de *P. antennata* élevé sur *P. persicae*

Période de suivi	1er jour	2ème jour	3ème jour	4ème jour
Nombre de pique/heure	$0,16\pm0,40^{b}$	$3,66\pm2,80^{a}$	$4,16\pm1,72^{a}$	$0,33\pm0,81^{b}$

Les moyennes indiquées par les mêmes lettres ne sont pas significativement différentes selon le test Duncan à $P<0,05$

Généralement, les piqures n'intéressent que les adultes aptères (Fig.44 A). Dans certains cas, quelques larves à un stade du développement avancé, ont été parasitées. Le parasitoïde embryon ne peut plus terminer son développement et émerge sans atteindre le stade adulte par éclatement de l'hôte. Cette larve est incapable de survivre (Fig. 44 B).

3.2. Durée de développement post embryonnaire, fécondité moyenne, sex ratio et durée de vie de *P. antennata*

Le tableau (29) montre une durée moyenne de développement post embryonnaire de *P. antennata* de 15,34±1,30 jours. Ensuite, l'insecte émerge d'un trou ayant une forme circulaire, se situe au niveau de la face dorsale de l'abdomen entre les deux cornicules (Fig. 44 C). Après émergence, le parasite survit durant 3,90±0,22 jours. 47±0,49 % des parasitoïdes émergeant sont de sexe femelle. Une femelle du *P. antennata* peut parasiter en moyenne 26,73±9,80 pucerons au cours de sa vie.

Tableau 29 : Paramètres biologiques de *P. antennata* évaluées dans des conditions contrôlées (HR= 60±10%, Température = 21±1°C) élevés sur les adultes de *P. persicae*

Paramètres mesurés chez *P. antennata*	Moyenne
Durée moyenne de développement (Moy. ± SD. Jours)	14,48±1,05
Taux sexuel	0,47±0,49
Longévité	3,90±0,22
Fécondité moyenne/femelle (Moy. ± SD. Œufs)	26,73±9,80

Les moyennes de chaque ligne qui ne portent pas des lettres sont statistiquement similaires selon le test Duncan (P>0.05)

3.1.2. Evolution du taux du parasitisme, d'émergence et du taux sexuel en fonction de la densité du parasitoïde et de la taille de la population aphidienne

Le taux du parasitisme est mesuré en tant que momies puisque, de point de vue pratique, les momies sont des indicateurs du parasitisme. Dans ce sens, le pourcentage de momies est un indice simple et pratique indiquant le parasitisme par *P. antennata*. Les résultats consignés dans le tableau (30) montrent qu'en utilisant un seul parasitoïde, le taux de parasitisme diminue avec la taille de la pullulation aphidienne. Ces taux sont de l'ordre de 45; 36,4 et 27,5% à D1, D2 et D3 respectivement.

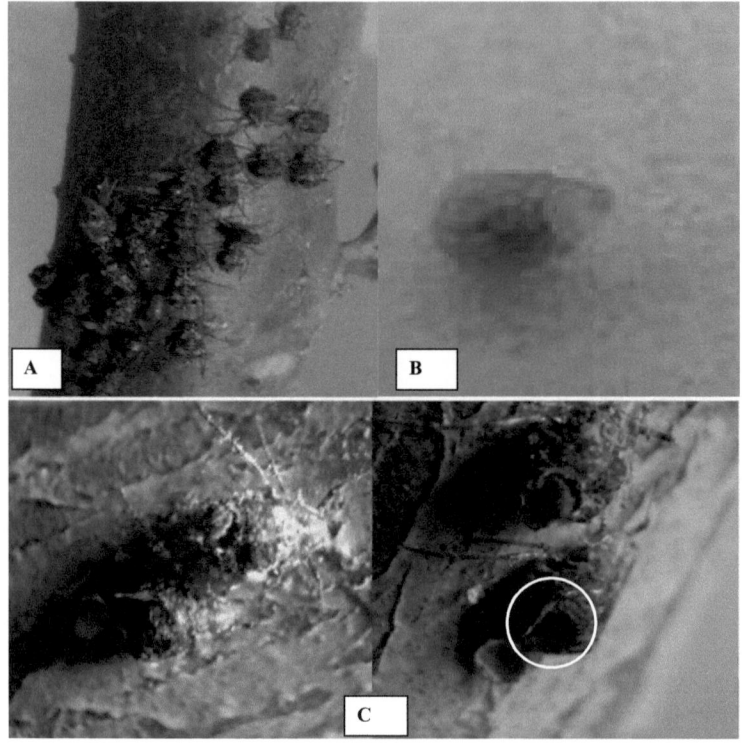

Figure 44: Activité parasitaire de *Pauesia antennata* à proximité de *Pterochloroides persicae*

A: *P. persicae* adultes aptères parasités, B : Rejet de la larve de *P. antennata*, C: Trou d'émergence de *P. antennata*

Tableau 30 : Evolution du taux de parasitisme et d'émergence de *P. antennata* en fonction de la densité de la population de *P. persicae* et la dose du parasitoïde (1C= 1 couple, 2C= 2couples, 3C=3 couples, D1: densité 1, D2: densité 2, D3: densité 3)

Densité de	Taux du parasitisme			Taux d'émergence		
pullulation	1C	2C	3C	1C	2C	3C
D1	45±16,1[a]	35,8±5,4[b]	31,3±5,3[b]	40,8±21,6[a]	44,1±16[b]	47,5±4,5[b]
D2	36,4±9,9[a]	45,6±4,3[a]	53±11[a]	31,2±11,8[a]	52,4±6[a]	55,2±7,54[a]
D3	27,5±20,7[a]	46,2±3,1[a]	56,6±9[a]	27,3±20,2[a]	58,3±2,6[a]	61,2±6,3[a]

Les moyennes indiquées par les mêmes lettres ne sont pas significativement différentes selon le test Duncan à P<0.05.

Par contre, le taux de parasitisme augmente avec l'accroissement de la densité de la pullulation aphidienne en cas d'utilisation de deux et de trois couples du parasitoïde (Fig. 43). L'analyse de la variance (P<0.05) des taux de parasitisme à différentes densités du puceron après introduction de deux et de trois couples du parasitoïde révèle une différence significative (P<0.05) pour les différentes densités aphidiennes.

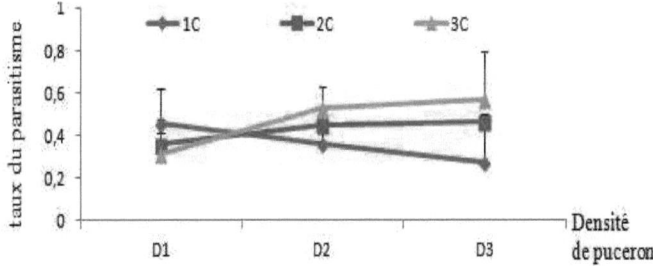

Figure 43. Evolution du taux de parasitisme en fonction de la densité de pullulation aphidienne et de la dose de parasitoïde. 1C= 1 couple, 2C= 2couples, 3C=3 couples, D1: densité 1, D2: densité 2, D3: densité 3

En ce qui concerne l'effet de la densité de la population aphidienne et la dose de parasitoïde introduit, nous remarquons que les taux d'émergence de *P. antennata* évoluent parallèlement avec les taux du parasitisme. En effet, plus le taux de parasitisme est important plus le taux d'émergence est élevé (Tableau, 29). L'analyse des variances des taux d'émergence calculés à D1, D2 et D3 après introduction d'un seul couple de *P. antennata* n'a montré aucune différence significative. Par contre, une différence significative (P<0.05) des taux d'émergence s'observe après introduction de deux et de trois couples du parasitoïdes à D1 comparativement à D2 et D3 successivement.

Concernant le taux sexuel, l'étude de l'effet de l'importance numérique de la population aphidienne et du parasitoïde sur ce paramètre montre que *P. antennata* détermine le sexe des descendants (Tableau, 30). En effet, indépendamment de la dose de *P. antennata*, lorsque la densité de *P. persicae* est faible (D1), le taux sexuel des descendants est de type mâle. Ce paramètre est de type femelle lorsque la population de *P. persicae* augmente. Ceci s'observe aux densités D2 et D3 successivement suite à l'introduction de 1, 2 et 3 couples du parasitoïde.

Tableau 31. Evolution du taux sexuel de *P. antennata* en fonction de la densité de *P. persicae* et de dose du parasitoïde (1C= 1 couple, 2C= 2couples, 3C=3 couples, D1: densité 1, D2: densité 2, D3: densité 3)

P. persicae / P. antennata	D1	D2	D3
1C	$0,478\pm0,73^{aa}$	$0,53\pm0,76^{ab}$	$0,54\pm0.6^{ab}$
2C	$0,45\pm0,52^{aa}$	$0,55\pm0,4^{ab}$	$0,56\pm0,69^{ab}$
3C	$0,43\pm0,65^{aa}$	$0,58\pm3,6^{ab}$	$0,57\pm0,28^{ab}$

Les moyennes indiquées par les mêmes lettres ne sont pas significativement différentes selon le test Duncan à P<0.05

4. *P. antennata* en plein champ

Les essais de lutte biologique contre *P. persicae* menés à Chott Mariem, à Jammel en 2008 et à Akouda en 2011 sur des populations de *P. persicae* n'ont révélé aucune momie. Nous signalons l'observation d'une espèce de fourmis (*Lasius niger* L.) (Hymenoptera, Formicidae) près de la pullulation de *P. persicae* à la quelle nous avons introduit les parasitoïdes.

5. Discussion et conclusions

Les essais conduits visaient à étudier les paramètres biologiques de *P. antennata*, parasitoïde spécifique de *P. persicae*. L'activité parasitaire, la détermination de la durée moyenne de développement larvaire, la durée de vie, la fécondité moyenne par femelle, les taux du parasitisme et d'émergence et le taux sexuel de *P. antennata* ont été étudiés dans des conditions contrôlées de température et d'humidité relative. L'effet de la densité de la population aphidienne et la dose du parasitoïde sur le taux de parasitisme, d'émergence et de taux sexuel a été déterminé.

Le suivi de l'activité parasitaire de *P. antennata* dans des conditions contrôlées a montré qu'il est actif durant environ 4 jours et surtout le 2ème et le 3ème jour. Cette activité est matinale, elle démarre avec l'éclairage (8 h du matin), s'accélère deux à trois heures après et atteint son maximum entre 10 et 12 h puis elle décroit lentement jusqu'à l'extinction. D'ailleurs, Fleury (1993) a montré que l'expression des rythmes biologiques des parasitoïdes est considérée comme une adaptation aux variations cycliques de l'environnement physique. L'auteur a prouvé qu'en réponse aux variations des facteurs de l'environnement (alternance jour/nuit et cycles associés), les êtres vivants développent des phases d'activité et de repos en fonction de leurs exigences physiologiques et écologiques. Ndoutoume-Ndong et *al.*(2007), en étudiant l'activité locomotrice d'*Eupelmus orientalis* Crawford (Hymenoptera, Eupelmidae) parasitoïde des Bruchidae, ont montré que l'activité parasitaire augmente lentement pendant les toutes premières heures de la photophase puis reste constante, atteint son maximum pendent 3 à 4 heures chez le mâle , 2 à 3 heures chez la femelle et commence à décroitre lentement jusqu'à la disparition. La différence entre les taux d'activité journalière des mâles et des femelles est surtout liée à la recherche du site de l'oviposition (Ndoutoume-Ndong et *al.*, 2007) alors que chez les mâles, elle est en relation avec la recherche des partenaires sexuels (Ndoutoume-Ndong et *al.*, 2007).

En ce qui concerne le développement embryonnaire, nos résultats ont montré une durée de 14 jours. Cette durée peut varier en fonction de la température et de l'humidité relative (Abdel-Hak ,2001). L'auteur a montré qu'à une température de 30°C, la durée de développement embryonnaire s'est limitée à 10, 5 jours. A 15°C, cette durée est de 16,4 jours. Des nombreux travaux montrent une durée de développement variable selon les espèces des pucerons (Hagvard et Hofsward, 1991). En effet, chez *Aphidius ervi* Haliday (Hymenoptera, Braconidae), parasitoïde d'*A. pisum,* la durée s'étale entre 15 à 20 jours. Par contre, *Lysiphlebus testaceipes* Cresson (Hymenoptera, Braconidae) parasitoïde d'*A. gossypii* est de l'ordre de 10 à 13 jours.

Pour la durée de vie de *P. antennata,* nous avons pu montrer une durée de vie moyenne égale à 3,90±0,22. Cette durée est variable selon la nature de l'alimentation. Une alimentation à base du miel uniquement est de 8 jours (Abdel-Hak, 2001). Cette durée diminue lorsque le parasitoïde est alimenté à base du miel et de l'eau (6 jours). Ce parasitoïde peut rester vivant durant 3 jours sans alimentation. D'autre part, Jervis et Kidd (1986) ont prouvé que l'apport nutritif se révèle déterminant pour prolonger la vie du parasitoïde ou pour produire des œufs.

Concernant la fécondité moyenne, nos résultats ont montré une fécondité de l'ordre de 27 parasitoïdes par femelle pouvant atteindre 37 parasitoïdes par femelle. Nos résultats ne concordent pas avec les travaux d'Abdel-Hak (2001) qui a prouvé une fécondité moyenne de l'ordre de 55 à 100 parasitoïdes par femelle. A propos du choix de l'hôte pour que la femelle dépose son œuf, nous avons observé uniquement des adultes aptères qui sont attaqués, très rarement les larves en stade avancé ont été piqués et dont l'émergence du parasitoïde se fait avant d'atteindre son stade adulte. Dans le même contexte, Winson et Iwantsch (1980) ont expliqué le choix de l'hôte pour déposer l'œuf par le fait que la femelle du parasitoïde s'assure tout d'abord du stade de développement de l'hôte, que celui-ci peut convenir au développement de son descendance et de leur état physiologique. Aussi, la femelle parasitoïde s'assure que l'hôte n'a-t-il pas déjà été attaqué précédemment. Pareillement, le parasite estime la taille de leurs hôtes pour y répondre avec le nombre adéquat d'œufs. La femelle examine les caractères externes (forme du corps, couleur, taille) et internes de l'hôte à l'aide de récepteurs situés au niveau des antennes et de l'ovipositeur. La taille de l'hôte est par exemple un facteur important car elle reflète de la quantité de ressources disponible pour la larve (Hemerik et Harvey, 1999). Les descendants issus d'hôtes plus petits sont généralement de taille réduite, avec une fécondité et une longévité plus faibles (Rivero et West, 2002; Pelosse et al., 2007). Le choix de l'hôte est lié à la probabilité de survie de descendants (Kraaijeveld et Godfray, 1999). L'hôte peut, en effet, agir avant la ponte en manifestant des comportements de défense pour empêcher la ponte ou après le parasitisme par le blocage du développement du descendant via son système immunitaire. Parfois, le parasitisme des individus à un stade de développement larvaire avancé peut être influencé par des facteurs biotiques comme la compétition intra et interspécifique. Ceci exerce une pression entrainant les femelles à choisir un hôte moins profitable (Hance et al., 2007). Le choix de pondre ou non dans un hôte dépend alors fortement des caractéristiques de l'hôte (Visser et al., 1992). Chez les parasitoïdes solitaires, quand plusieurs œufs sont déposés dans un hôte, soit une compétition intra-hôte s'opère(compétition larvaire) à l'issue de laquelle un seul individu survit et s'y développe (Plantegenest et al., 2004), soit aucune larve ne survit, ou encore les parasitoïdes et leur hôte meurent. A priori, le choix effectué par une femelle parasitoïde de type solitaire devrait donc se tourner uniquement vers des hôtes non parasités. Cet évitement du super ou multi-parasitisme repose sur la capacité des femelles parasitoïdes à discriminer entre hôtes parasités ou non (Desneux et al., 2009). Cette capacité de discrimination est généralement liée à la présence de marqueurs laissés lors d'une oviposition antérieure (Godfray, 1994). Cette capacité existe chez de nombreuses espèces mais le superparasitisme est courant dans la nature. Ce comportement peut lui aussi être adaptatif dans certaines conditions. La tendance au superparasitisme augmente lorsque l'habitat présente peu d'hôtes ou que la femelle a une faible espérance de vie (van Alphen et Visser, 1990 et Plantegenest et al., 2004). De même, Rabatel (2011) a prouvé que la quantité et la qualité nutritive de l'hôte déterminent fortement non seulement la survie de la larve du parasitoïde, mais également le phénotype de l'adulte

142

qui en résulte tel que la taille, la fécondité et la longévité. Parfois, la femelle du parasitoïde accélère la vitesse de ponte durant sa vie sans regarder la qualité de ses hôtes afin de déposer le maximum des œufs. Egalement, la température peut influencer la fécondité moyenne des femelles. En effet, Goth *et al.,* (2001) ont montré qu'*Aphidius colemani* Viereck (Hymenoptera, Braconidae) parasitoïde de *R. padi* a une fécondité moyenne de 71 individus à 20°C. Cette moyenne est de 105,5 individus à 25°C et devient nulle à 15 et 30 °C ou aucune momie ne s'observe.

L'étude de l'efficacité de *P. antennata* a montré un taux de parasitisme qui varie en fonction de la taille de la population aphidienne et de la dose des parasitoïdes. En effet, nos résultats prouvent que 45% d'une population de *P. persicae* de 50 individus peut être parasité par une seule femelle de *P. antennata.* Lorsque la taille de la population augmente, le taux de parasitisme diminue indépendamment de la dose du parasitoïde. Ces résultats confirment les travaux d'Abdel-Hak (2001) qui a montré qu'une utilisation d'une seule femelle de *P. antennata* dans une population de *P. persicae* bien déterminée augmente le nombre des descendants. Contrairement, l'utilisation de 5 femelles avec la même population diminue la descendance et augmente le superparasitisme. Dans le même concept, des nombreux travaux ont montré une diminution progressive de l'efficacité du parasitoïde lorsque la densité de parasitoïde augmente. Cette diminution est due aux mécanismes de compétition entre les femelles parasitoïdes. Plusieurs travaux ont étudié l'effet de la taille de la population aphidienne et la dose des parasitoïdes sur le taux du parasitisme en décrivant la réponse fonctionnelle et numérique de certaines espèces des parasitoïdes (Hassell, 1978 in Hofsvang et Hagvar, 1983). Ces travaux ont été basés sur l'idée de Holling (1959) qui a supposé que la réponse fonctionnelle du parasitoïde dépendait uniquement de la densité de l'hôte. Ce dernier a proposé une classification basée sur trois types de réponse fonctionnelle tout en se basant sur l'évolution de la consommation (Type I : consommation constante, Type II : la proportion d'hôtes attaqués diminue en cas d'augmentation de la densité de l'hôte, Type III : la proportion d'hôte attaqué augmente pour les faibles densités puis diminue. Ces types de réponses ont fait l'objet de plusieurs travaux (Van Steenis, 1995 et Rochat, 1997) et théorique (Getz et Mills, 1996). A titre d'exemple, Hofsvang et Hagvar (1983) ont étudié la réponse fonctionnelle d'*Ephedrus cerasicola* Stary (Hymenoptera, Braconidae) parasitoïde de *M. persicae* à différente densités allant de 1 à 120 individus durant 3 périodes (1h, 6 h et 24 h) à 21±1°C. En fonction de la durée d'introduction du parasitoïde, le type de la réponse fonctionnelle varie. Elle est de type II après une heure, de type I après 6 heures et redevient du nouveau de type II après 24 heures d'exposition avec une augmentation du taux de superparasitisme. Egalement, l'effet de la densité sur le taux de parasitisme a été étudié chez d'autre espèces des parasitoïdes en déterminant leurs réponses fonctionnelles en fonction du temps (Dransfeild, 1979 et Collins et Dixon, 1981 in Hofsvang et Hagvar, 1983). Ces auteurs ont noté une réponse de type II pour des parasitoïdes du genre *Praon*, *Aphidius* et *Aphelinus* après une heure de leur introduction avec différentes espèces des pucerons à une température de 21°C. L'effet de la densité de l'hôte et la dose de parasitoïde s'observe aussi sur le taux d'émergence du parasitoïde. En effet, nous avons démontré que le taux d'émergence diminue lorsque la taille de la population augmente lors de l'utilisation d'une seule femelle. Ce taux croit après introduction de deux ou de trois couples de parasitoïdes, ne dépasse pas 47,5% quand la densité est faible et atteint 61% lorsque la taille de la population dépasse 100 individus. Ce taux d'émergence reste faible en comparaison avec celui d'*A. colemani* qui dépasse 70.4% à 25°C sur une population de *R. padi*. Cette faiblesse pourrait s'expliquer par le mécanisme de compétition par femelle et par le super parasitisme.

En ce qui concerne le sexe des descendants issus de nos expérimentations, nous avons pu démontrer que les parasitoïdes sont de sexe mâle lorsque la densité de la population aphidienne est faible. La proportion des mâles augmente lorsque le nombre des couples des parasitoïdes augmente. Les descendants sont de sexe femelle lorsque la population aphidienne augmente. Dans ce concept, King (1993) a signalé que chez les espèces haplo-diploïdes, les femelles fécondées ont la capacité de déterminer le sexe de leurs descendants en fécondant ou non l'ovocyte pondu. En effet, les femelles sont issues d'ovocytes normalement fécondés tandis que les mâles fertiles proviennent des ovocytes non fécondés et sont par conséquent haploïdes avec un patrimoine génétique uniquement d'origine maternelle. Une conséquence de ce mode de reproduction est la possibilité, pour les femelles fécondées, de choisir la proportion des sexes dans leurs descendants en fécondant ou non les œufs pondus (King, 1993). Ce choix est influencé soit par la qualité de l'hôte, soit par le nombre de compétitrices présentes sur le site. D'autre part, Charnov et *al.,* (1981) ont révélé que la nature du sexe au niveau de la descendance peut être liée à la taille de l'hôte où les femelles de taille importante donnent des mâles alors que les hôtes de petite taille ne donnent que des femelles. Cependant, Sequeira et Mackauer (1992), Li et Mills (2004) ont montré que la taille de l'hôte seule ne peut pas être considérée pour évaluer la nature du sexe du parasitoïde émergeant. Au sein de la même espèce, les réserves nutritionnelles peuvent différer d'un hôte à autre et par conséquent un hôte de petite taille peut avoir suffisamment de réserves pour le développement du sexe mâle (Sequeira et Mackauer 1992 et Li et Mills 2004).

La tentative de lutte biologique contre *P. persicae* par l'utilisation de *P. antennata* dans des conditions naturelles de la Tunisie a été abrogée. Cet échec peut être lié à divers facteurs tels que l'effectif faible du parasitoïde utilisé lors des essais, les conditions climatiques défavorables (3 jours de sirocco à la fin de mois de Juin 2008), la présence des fourmis *Lasius niger* et aussi la présence des endosymbiotes (*Serratia symbiotica* (Enterobacterailes, Enterobacteriacaea) et *Buchnera aphidicola* (Enterobacterailes, Enterobacteriacaea)) identifiés après analyses moléculaires des échantillons prélevés des zones des essais (non publiés). Ces endosymbiotes apportent une protection à leur porteurs contre des pathogènes, des parasites, ou même des prédateurs. En effet, Oliver et *al.,* (2010) ont signalé que pour les insectes, les symbiotes protecteurs des pucerons sont les plus étudiés et les mieux connus. Ces symbiotes sont facultatifs et peuvent protéger leur porteur contre des champignons pathogènes tel que le symbiote *Regiella insecticola* (Enterobacterailes, Enterobacteriacaea) qui augmente la survie de son hôte *A. pisum*, parasité par le champignon *Pandora neoaphidis* (Zygomycetes, Entomophthorales) et diminue la reproduction de ce pathogène (Ferrari et *al.,* 2004). De même, Oliver et *al.,* (2003) et Ferrari et *al.,* (2004) ont signalé que *Serratia symbiotica* et *Hamiltonella defensa* confèrent une protection à leur puceron hôte *A. pisum*, contre *Aphidius ervi* Haliday et *Aphidius eadyi* Stary.

Pour les fourmis, Verheggen et *al.* (2009) ont prouvé que *L. niger* protège les pucerons contre les attaques des parasitoïdes et des prédateurs. Leur présence sur des plantes constamment infestées par un nombre important des pucerons avec des proportions d'individus ailés (similaires ou plus grandes) réduit le nombre des prédateurs aphidiphages. Il a été souligné que *L. niger* améliore les conditions de vie des colonies d'*A. fabae* par exploitation du miellat et en offrant la protection contre les prédateurs et par la réduction de la pression de compétition exercée par les autres espèces non myrmécophiles de pucerons.

Enfin, pour réussir la tentative de lutte biologique contre *P. persicae* par le parasitoide *P. antennata,* une étude approfondie qui implique, non seulement, la mise en œuvre de compétences technologiques (pilote de production, conditionnement du parasitoïde pour les lâchers, etc.) mais aussi, des travaux touchant les différents domaines de la biologie du parasitoïde, de leur physiologie doivent être conduites en s'intéressant à l'influence de paramètres abiotiques tels que la température, l'humidité, la photopériode ou biotiques tel que la qualité de hôte. Des études d'écologie comportementale sont également nécessaires qui concernent notamment le comportement de recherche des hôtes par les femelles parasitoïdes ainsi que leur comportement de dispersion d'une part. D'autre part, de nombreuses innovations importantes et spectaculaires qui conduisent à la possibilité de la multiplication

145

du parasitoïde sur des milieux artificiels seront nécessaires. De plus, d'autres travaux menés sur la conservation de *P. antennata*, le mode de son lâcher (Adulte ou momies) devraient être réalisé dans le futur afin d'optimiser la stratégie de lutter contre *P. persicae*. Cette stratégie ne doit pas oublier le coût à la fois économique et social, associé à la mise en œuvre d'un programme de lutte biologique contre ce ravageur. Ce coût dépend de plusieurs indicateurs économiques et sociaux, notamment la réduction de l'effectif de la population du ravageur, l'augmentation du rendement de la culture et des revenus des exploitations agricoles et le gain réalisé par rapport à d'autres méthodes de lutte par l'élévation de la valeur commerciale du produit et même du gain social, voire sanitaire.

Conclusion générale et perspectives

Conclusion générale et perspectives

En termes de conclusion de notre travail, nous citons dans un premier temps un rappel des résultats fondamentaux appliqués suivi ensuite par quelques perspectives futures.

L'objectif de notre travail était l'étude de la bio-écologie de *Pterochloroides persicae* Cholodovsky et le potentiel biotique de son parasitoide *Pauesia antennata* Mukerji. Cet objectif a été traité dans quatre chapitres.

Dans le premier chapitre, nous nous sommes intéressés dans une première étape à l'étude de la morphométrie des différents stades de développement larvaire de *P. persicae* et des stades adultes aptères et ailés, collectés sur différentes plantes hôtes et des sites géographiquement différents afin de montrer l'impact de la plante hôte et de la répartition géographique sur la morphométrie de *P. persicae*. Cette étude a été complétée par une analyse moléculaire dans une seconde étape. Les résultats obtenus ont permis de montrer que les deux premiers stades larvaires ont des antennes à 5 articles alors que les autres stades ont des antennes à 6 articles. De même, nous avons pu observer l'apparition des sensoria primaires à partir du 3ème et du 4ème stade larvaire. Une croissance de taille a été montrée. L'étude de la morphométrie de *P. persicae* sur différentes plantes hôtes a montré que la taille de l'insecte est affectée par le changement de l'hôte. En effet, les aptères collectés sur pêcher ont une longueur plus importante comparée à ceux sur amandier et sur prunier. De même, la taille des ailés sur pêcher et sur prunier est plus importante que celle de ceux sur amandier. Cependant, la répartition géographique n'a pas d'incidence que sur la taille des aptères. L'analyse de l'ADN mitochondrial de *P. persicae* a montré la présence de deux haplotypes en Tunisie. Il en ressort que le premier haplotype est identifié à partir des échantillons pris à la fin de l'hiver et au printemps sur les organes aoutes du pêcher. Par contre, l'haploytpe II est identifié à partir des échantillons pris en automne sur les racines. Les résultats ont montré qu'il n'y avait pas une corrélation entre l'haplotype et la plante hôte utilisée par *P. persicae* ou entre l'haplotype et l'origine géographique de l'insecte.

Dans le second chapitre, nous avons opté à caractériser les paramètres biologiques de *P. persicae* en Tunisie par identification de la gamme de ses plantes hôtes en fonction de la distribution géographique, par analyse de l'influence de la plante hôte et des facteurs climatiques sur le potentiel biotique de l'insecte dans des conditions contrôlées et en plein champ, par l'étude de la succession de l'infestation et la dynamique des populations du ravageur en relation avec le mode de conduite culturale et par la caractérisation de l'impact du potentiel de sève et de la concentration en éléments minéraux essentiels sur le potentiel biotique de *P. persicae*. Les résultats ont montré que le pêcher, l'amandier, le prunier et l'abricotier constituent les cultures potentielles d'attaque par *P. persicae*. Cependant, le pommier est un hôte occasionnel. Le suivi du développement larvaire a montré le passage de l'insecte par 4 stades larvaires durant 15 jours à 20°C. La deuxième génération s'est observée après 22 jours. Les résultats relatifs à l'impact de la température et de la plante hôte sur le potentiel biotique de *P. persicae* au laboratoire et en plein champs ont montré que le pêcher et la température de 20°C sont préférés pour la multiplication de l'aphide. L'étude de l'impact du mode de conduite culturale a montré que sur des cultures irriguées, l'insecte peut se maintenir durant toute l'année sur la même plante hôte en suivant le circuit de sève par la fixation sur les racines durant la période de dormance de la plante puis le mouvement vers les organes aoutes suite à l'inversement du circuit de sève au moment de la levée de la dormance. Dans les cultures irriguées, la vitesse de dispersion de l'aphide est plus élevée. Il en ressort que l'aphide dans ces cultures peut suivre un cycle de vie sur une seule espèce des plante hôtes. Cependant, dans des cultures conduites en sec, *P. persicae* continue son cycle de vie sur différentes espèces fruitières avec une vitesse de dispersion plus faible comparée avec celle sur des cultures conduites en irriguées. Aussi, nos résultats ont révélé que le stress hydrique et l'azote en faible concentration marque l'absence de *P. persicae*.

Pour le troisième chapitre consacré à La prospection des ennemis naturels de *P. persicae* en Tunisie et l'évaluation de leurs efficacités, nous avons montré la présence des prédateurs Coccinellidae (*Coccinella algerica* Kovar), Syrphidae (*Metasyrphus carollae, Episyrphus balteatus*) et Chrysopidae (*Chrysoperla carnea*) et des champignons entomopathogènes (*Beauveria bassiana* isolat KTU-17, *Beauveria bassiana* isolat GC21 et *Metacordyceps lianshanensis* strain EFCC 1452). L'évaluation de l'efficacité prédatrice des larves des syrphes a montré que les larves d'*E. balteatus* et *M. carollae* sont capables de consommer 29 et 32 individus de *P. persicae* durant une période de développement larvaire de 9 jours. Pour les coccinelles, nos résultats ont montré l'inefficacité prédatrice des différents stades larvaires et des adultes de *C. algerica* pour *P. persicae*. Cette prédation est de 30 individus durant le développement larvaire et de 10 individus par jour pour les adultes. De même, une nutrition à base de ce puceron agit sur la table de vie, le poids et la fécondité de cette coccinelle. Ainsi, la nutrition de *C. algerica* à base de *P. persicae* diminue sa fécondité.

Dans le 4ème chapitre, nous avons opté à étudier le potentiel biotique de *P. antennata* dans des conditions contrôlées par la détermination de la durée de son développement larvaire, de sa longivité, de sa fécondité moyenne, de son taux sexuel et par le suivi de l'évolution du son taux de parasitisme, d'émergence et de sex ratio en fonction de la taille de la population de *P. persicae*. De même, des essais de lâchers en plein champs ont été faits. Les résultats ont montré une activité parasitaire de 4 jours où l'insecte commence les piqures à partir du matin de 2ème jour et précisément entre 10 et 12 heures, une durée du développement embryonnaire est de 15,34 jours, une fécondité moyenne de 26,73, un taux de parasitisme qui diminue lors de l'augmentation de la population aphidienne en cas d'utilisation d'un seul couple de parasitoïde. Cependant, il augmente quand la dose des parasitoïdes augmente. Nos résultats ont montré aussi que le taux d'émergence évolue en parallèle avec le taux de parasitisme et que la taille de la population aphidienne agit sur le sexe de descendant. En effet, lorsque la densité de *P. persicae* est faible, le taux sexuel des descendants sont de type mâle. Cependant, elle est de type femelle pour une population de taille importante.

Finalement, à l'issu de ce travail nous avons pu donner quelques informations qui concernent la bio-écologie de *P. persicae* en Tunisie. Ces résultats se voient assez importants et peuvent servir pour une stratégie de lutte contre ce ravageur. Cependant, nous sommes fort conscients que certaines voies doivent être approfondies qui intéressent surtout *P. antennata*, le seul parasitoïde spécifique de ce puceron. Pour faire suite à ce travail, de nombreuses perspectives sont envisageables et divers aspects doivent être conçus dans le futur :

- Faire apparaitre des sexupares pour l'obtention des œufs d'hiver dans différentes conditions expérimentales, portant des populations siégeant à différentes parties de la plante.

-Etudier le potentiel infectieux des isolats de deux champignons entomopathogènes *B. bassiana* et *M. lianshanensis* contre *P. persicae* et leur relation avec les prédateurs.

- Etudier les possibilités d'élevage en masse de *P. antennata*.

-Etudier la réponse fonctionnelle de ce parasitoïde dans des conditions contrôlées et en plein champs.

Références bibliographiques

REFERENCES BIBLIOGRAPHIQUES

A

Abbes K. et Chermiti B. 2010. Integrated pest management essay against the tomato leaf miner *Tuta absoluta* Povolny (Lepidotera: Gelecheiidae) in an open field tomato crop in the region of Raggueda, Tunisia. African J. Plant Sci. Biotech, 3: 91-95.

Abdallah, Z., Mezghani-Khemakhem, M., Bouktila, D., Makni, H. et Makni M. 2012.

Genetic diversity of an invasive pest (*Oryctes agamemnon* Burmeister, *Coleoptera*: Scarabaeidae) of date palm in Tunisia, inferred from random amplified polymorphic DNA (RAPD) markers. African Journal of Agricultural Research, 7: 1170–1176.

Abdel Hak A. S. 2001. Biological control of the giant brown peach aphid *Pterochloroides persicae* Cholodovsky on amygdalae in Yemen. Magister Memory. Agronomy Faculty. Sanaa University: 85 pp.

Adler L. S., De Valpine P., Harte J. et Call. J. 2007. Effects of long-term experimental warming on aphid density in the field. Journal of the Kansas Entomological Society 80: 156-168.

Agarwala B. K., Das K. et Raychoudhury P. 2009. Morphological, ecological and biological variations in the mustard aphid, *Lipaphis pseudobrassicae* (Kaltenbach) (Hemiptera: Aphididae) from different host plants. *Journal of Asia Pacific Entomology*. 12:169–173.

Agnèse J.F. 1995. Principes et analyse des données de l'électrophorèse des proteines enzymatiques In Agnèse Jean-Francois(ED): Comptes rendus de l'atelier biodiversité et aquaculture : 53-59.

Ahmeid Al-Nagar O. et Nieto Nafría J.M., 1998 – Notes on Libyan aphids: new recorded species from North Africa. In: Nieto Nafría J.M., Dixon A.F.G. (Eds.), Aphids in natural and managed ecosystems. Universidad de León (Secretariado de Publicaciones), León: 325-327.

Al-Barrak M., Loxdale D. H., Brookes P.C., Dawah A.H., Biron G.D. et Alsagair O. 2004. Molecular evidence using enzyme and RAPD markers for sympatric evolution in Britic-sh species of Tetramesa (Hymenoptera: Eurytomidae). Biological Journal of the Linnean Society 83: 509-525.

AL-Sayani A.H. 2010. Case study on Integrated Pest Management in Republic of Yemen. Submitted to the Consultation Meeting on Establishment of an Integrated Plant Production and Protection Management Net Work of Near East and North Africa Region Cairo, Egypt, 21-23 December: 5pp.

Alvarez N., Hossaert-McKey M., Rasplus J. Y., Mckey D., Mercier L., Soldatt L., Aebi A., Shani T. et Benrey B. 2005. Sibling species of bean bruchids: a morphological and phylogenetic study of *Acanthoscelides obtectus* Say and *Acanthoscelides obvelatus* Bridwell. Journal of Zoological Systematics and Evolutionary Research 43: 29-37.

Andreev R. et Kutinkova H., 2004. Resistance to aphids and scale insects in nine apple cultivars. Journal of Fruit and Ornamental Plant Research 12: 215–221.

Angeli G. et Simoni S., 2006. Apple cultivars acceptance by *Dysaphis plantaginea* Passerini (Homoptera: Aphididae). Journal of Pest Science 79: 175–179.

Ankersmit G.W. et Dijkman H. 1983. Alatae production in the cereal aphid *Sitobion avenae. Netherlands Journal of Plant Pathology* 89: 105–112.

Ankersmit G.W., Duknan H., Keuning N. J., Mertens H., Sins A. et Tacoma H. M. 1986. *Episyrphus balteatus* as a predator of aphid *Sitobion avenae* on winter wheat. Entomol. Exp. Appl (42): 271-277.

Archangelsky P. P. 1917. On the biology of *Pterochloroides persicae*, Chol. Tashkent, Turkestan Entomological Station, 70 pp.

Artacho P., Figueroa C. C., Cortes P. A., Simon J. C. et Nespolo R. F. 2011. Short-term consequences of reproductive mode variation on the genetic architecture of energy metabolism and life-history traits in the pea aphid. J Insect Physiol. 57: 986–994.

Ashraf, M. 2010. A study on laboratory rearing of lady bird beetle (*Coccinella septumpunctata*) to observe its fecundity and longevity on natural and artificial diets. International Journal of Biology 2: 165-172.

Askew R. R. et Shaw M. R. 1986. Parasitoid communities: their size, structure and development. In Waage, J. and D. Greathead, EDS., Insect Parasitoids, Symposium of the Royal Entomological Society of London 13. Academic Press, London.

Ateyyat M. A. et Abu-Darwish M. S. 2009. Insecticidal activity of different extracts of *Rhamnus dispermus* (Rhamnaceae) against peach trunk aphid *Pterochloroides persicae* (Homoptera: Lachnidae). *Spanish Journal of Agricultural Research* 7(1):160-164.

Atlhan R. et Gülda H. 2009. Prey density-dependent feeding activity and life history of *Scymnus subvillosus. Phytoparasitica* 37: 35-41.

Aussenac G. et Chassagne L. 1974. Rapport préliminaire sur la mesure du potentiel de sève dans le rameau et les feuilles. *Publ. Int. Station Sylviculture et production*, 8 pp.

Aussenac G. et Granier A. 1978. Quelques résultats de cinétique journalière du potentiel de sève chez les arbres forestiers. Ann. Science forest 35 (7): 19-32.

Avidov Z. et Harpz I., 1969. Plant pests of Israel. Jarusalem, Israel University Press. 549 pp.

Avise J. C. 1994. Molecular Markers, Natural History, and Evolution. Chapman & Hall, New York 511 pp.

Ayres M. P. 1993. Plant defense, herbivory and climate change. In P. Kareiva, J. G. Kingsolver, and R. B. Huey (Eds.). Biotic Interactions and Global Change. 75–94.

B

Batley J., Edwards K. J., Barker J. H. A., Dawson K. J., Wiltshire C. W., Glen D. M. et Karp A .2004. Population structure of the beelte pests Phyllodecta vulgatissima and P. vitellinae on UK plantations. Insect Molecular Biology 13: 413-421.

Batra H. N. 1951. Aphids infesting peach and their control. Indian Journal of Entomology 15: 45-51.

Baumann R., Schubert R., Heitland W., Auger-Rozenberg M. A., Faivre-Rimpant P. et Müller S.G. 2003. Genetic diversity within and among populations of *Diprion pini* (Hymenoptera, Diprionidae) determined by random amplified polymorphic DNApolymerase chain reaction of haploid males. Journal of Applied Entomology 127: 258-264.

Behura S. K. 2006. Molecular marker systems in insects: current trends and future avenues. Molecular Ecology 15:3087-3113.

Ben Halima Kamel M. 2010. Les ennemis naturels de *Coccinella algerica* Kovàr dans la région du Sahel en Tunisie. Entomologie faunistique – Faunistic Entomology 62 (3): 97-101.

Ben halima Kamel M. 2012. Aphid fauna (Hemiptera, Aphididae) and their host association of Chott Mariem, coastal area of Tunisia. Annals of Biological research 3(1): 1-11.

Ben Halima Kamel M. et Mabrouk M. 1997. Les pucerons d'une région côtière de la Tunisie. Notes fauniques de Gembloux 58: 7-10.

Ben Halima Kamel M. et Ben Hamouda M. H. 1998. Bioécologie des aphides d'une région côtière en Tunisie. Med. Fac. Landbouwn. Univ. Gent. 63/2a: 365-378.

Ben Halima Kamel M. et Ben Hamouda. M. H. 2004. Aphids of fruits trees in Tunisia In : *Aphids in a New Millennium. Procceeding of the VIth International Symposium on Aphids.* (Ed. by J.C. Simon, C.A Dedryver, C. Rispe & M. Hullé), INRA Editions: 119-123.

Ben Halima Kamel M. et Ben Hamouda M. H. 2005- A propos des arbres fruitiers de Tunisie. Notes fauniques de Gembloux 58: 11-16.

Ben Halima Kamel M. et Mdellel L. 2010 – First record of the grapevine aphid, *Aphis illinoisensis* Shimer, inTunisia. Bull. OEPP/EPPO Bull 40 (2): 191-192.

Benoit R. 2006. Biodiversité et lutte biologique. Comprendre quelques fonctionnements écologiques dans une parcelle cultivée, pour prévenir contre le puceron de la salade. Extrait d'un mémoire de fin d'étude sur les bandes fleuries, qui sont utilisées comme réservoir d'insectes auxiliaires. Agriculture biologique : 25pp.

Ben-Ze'ev I. S., Zelig Y., Briton S. et Kenneth R. G. 1988. The Entomophthorales of Israel and Their Arthropod Hosts: Additions 1980-1988, Phytoparasitica 16(3):247-257.

Bernays E. A. 1992. Insect-Plant interactions. *CRC press, Boca Raton*, 226 pp.

Blackman R. L. 1987. Morphological discrimination of a tobacco-feeding form of *Myzus persicae* (Sulzer) (Hemiptera: Aphididae), and a key to New World *Myzus* (Nectarosiphon) species. Bull. Entomol. Res. 77: 713-730.

Blakman R. L. et Eastop V. F. 1984. Aphids on the world's crops, An identification guide, Natural history: 465 pp.

Blackman R. L. et Eastop V. F. 1994- Aphids on the world's trees: an identification and information guide. CABI, Wallingford, UK: 476pp.

Blackman R. L. Eastop V. F. 2000 Aphids on the world's trees: an identification and information guide. CABI, Wallingford, UK: 986 pp.

Blakman R. L. et Eastop V.F. 2006. Aphids on the world's herbaceous plants and shrubs, volume 1, Hosts lists and key: 1415 pp.

Blommers L. H. M., Helsen H. H. M. et Vaal F. W. N. M. 2004. Life history data of the rosy apple aphid *Dysaphis plantaginea* (Pass.) (Homoptera, Aphididae) on plantain and as migrant to apple. Journal of Pest Science 77:155–163.

Boichard D., Le Roy P., Leveziel H. et Elsen J. M.1998. Utilisation des marqueurs moléculaires en génétique animale. *INRA Productions Animales* 11 (1): 67-80.

Bolévane Ouantinam S.F., Amevoin K., Nuto Y., Monge J.P. et Glitho I. A. 2006, Comparaison de quelques caractéristiques biologiquesentre *Dinarmus basalis* Rond. (Hymenoptera: Pteromalidae) élevé soit sur son hôte habituel *Callosobruchus maculatus* F. (Coleoptera: Bruchidae) soit sur *Acanthoscelides macrophthalmus* Schaef. ou *Bruchidius lineatopygus* Pic. identifiés comme hôtes de substitution. Tropicultura 24, 2, 101-106

Bonhomme M., Doxiadis G. M., Heijmans M. M. C., Otting V. V.N., Bontro R. E. et Roy B. C 2008. Genomic plasticity of the immature related Mhc class IB region in macaque species. Volume 9, BMC Genomics, 514 pp.

Botstein D., White R.L., Skolnick M. et Dvies R.W. 1980. Construction of genetic linkage map in man using restriction fragment length polymorphism. Am. J. Hum. Genet. 32 : 314–331.

Bouchery Y. 1987. Comportement de piqûre: Pénétration dans les tissus. Pages 45- 59. In Journées d'information sur les invertébrés vecteurs d'agents phytopathogènes. October 14-16, 1987, Hérault, France.

Bouktila D., Kharrat S., Mezghani-Khemakhem M., Jerraya A. et Makni M. 2012. Genetic diversity in different populations of citrus leafminer, *Phyllocnistis citrella* Stainton (Lepidoptera: Gracillariidae) in Tunisia, assessed by RAPD-PCR. J. Crop Prot. 1 (3): 189-199.

Borner C. 1952. Europe Centralis Aphides- Die Blattlause Mitteleuropas, Mitt, Thuring Bot. Ges. Heft 4. Bheft 3. Weimar. 484 pp.

Borror D. J., Triplehorn C. A. et Johnson N. F.1989. An introduction to the study of Insects. 6th

Edition. New York, Saunders College Publishers. 213 pp.

Brower A.V.Z et DeSalle R .1994. Practical and theoretical considerations for choice of a DNA sequence region in insect molecular systematics, with a short review of published studies using nuclear gene regions. Annals of the Entomological Society of America, 87, 702-716.

Brower A.V.Z., Freitas AV, Lee M, Silva-Brandào KL, Whinnett A. et Willmott KR .2006. Phylogenetic relationships among the Ithomiini (Lepidoptera: Nymphalidae) inferred from one mitochondrial and two nuclear gene regions. Systematic Entomology 31, 288-301.

Bultman T.L. et Bell G.D. 2003. Interaction between fungal endophytes and environmental stressors influences plant resistance to insects. *Oikos* 103: 182-190.

Burgio G., Santi F. et Maini S. 2005. Intra-guild predationand cannibalism between Harmonia axyridis and Adalia bipunctata adults and larvae: laboratory experiments.- Bulletin of Insectology, 58 (2): 135-140.

Butt T. M. et Goettel M.S. 2000. Bioassays of entomogenous fungi. In: Navon A, Ascher KRS (eds.) Bioassays of entomopathogenic microbes and nematodes. CABI Publishing, Wallingford, UK: 141–195.

Bylemans D., 2000. Recent experiences and opinions on rosy apple aphid control in IPM managed orchards. Proceedings of the International Conference on Integrated Fruit Production 525: 291–297.

C

Cabello T Parra Mj et Aguirre A.1995. Aportacones Sobre La Nueva Plaga Del Almendro En Espana: El Pulgon De La Ramas (*Pterochloroides Persicae* (Hom : Lachnidae). Phytoma, Espana, 69 : 26-32.

CABI .2003. Crop protection compendium, CAB International, Wallingford, UK.

Cannon R. J. C. 1998. The implications of predicted climate change for insect pests in the UK, with emphasis on non-indigenous species. Global Change Biology 4:785–796.

Carisio L., Cervella P., Palestrini C., DelPero M. et Rolando A. 2004. Biogeographical patterns of the genetic differentiation in dung beetles of the genus Trypocopris (Coleoptera, Geotrupidae) inferred from mtDNA and AFLP analyses. Journal of Biogeography 31: 1149-1162.

Cavalli-Sforza L. L. 1998. The DNA revolution in population genetics. Trends Genet 14 (2) :60–65.

Celini L. et Vaillant J. 1999. Répartition spatio-temporelle des presences d'ailés d'Aphis Gossipii (Hemiptera, Aphididae) en culture cotonnière. Can. Entomol 131: 813-824.

Chambers R.J., Sunderland K.D., Stacey D.L. et Wyatt I.J. 1986. Control of cereal aphids in winter wheat by natural enemies: aphid specific predators, parasitoids and pathogenic fungi. Annals Applied Biology 108: 219-231.

Chambers R. J. 1988. Syrphidae In aphids their Biology, Natural enemies and Control, Minks, A K and Harrewijn, P. Elsevier Sciences Publishers Amsterdam. Vol B: 259-267.

Chandler A. E. F. 1969. locomotory behavior of first instar larvae aphidophagous Syrphidae (Diptera)after contact with aphids/: Animal Behaviour (17): 673-768.

Charnov E. L., Hartogh L. D., Jones R. L. et Assem V. D. 1981. Sex ratio evolution in a variable environment. Nature 289: 27-33.

Christiansen-Weniger P., Lilley R. et Hardie J. 1998. Environmental stimuli influencing polyphenism in the blackberry-cereal aphid,*Sitobion fragariae*. *Aphids in Natural and Managed Ecosystems* (eds J. M., Nafria & A. F. G.Dixon): 153–159.

Christiansen-Weniger P. et Hardie J. 2000. The influence of parasitism on wing development in male and female pea aphids.*Journal of Insect Physiology*, 46: 861–867.

Chartier A. 1991. "Glossaire de génétique moléculaire et génie génétique. La boutique de Chartier. INRA éditions, 47 pp.

Chaubet B. 1992: Diversité écologique aménagement des agro-écosystèmes et favorisation des ennemis naturels des ravageurs: cas des aphidiphages. Le courrier de l'environnementde l'INRA : dossier 18 : 16-28.

Ciampollini M. et Martelli M. 1977. Comparsa in Italia dell'afide lignicolo delle prunoidee, *Pterochloroides persicae* (Cholodk.). *Bulletino di Zoologia Agraria e di Bachicoltura* 14: 189-196.

Ciglar I. et Baric B. 2001. Population dynamics of aphids and their predators in different protection programmes. Agronomski Glasnik 63: 23–29.

Clark K. L., Skowronski N. et Hom J .2009. Invasive insects impacts forest carbon dynamics. *Global Change Biology* 16: 88-101.

Cognato A. I, Sun J., Anducho-Reyes M. A. et Owen D. R. 2005: Genetic variation and origin of red turpentine beetle (Dendroctonus valens LeConte) introduced to the People's Republic of China. Agricultural and Forest Entomology 7: 87-94.

Coley P. D. 1998. Possible effects of climate change on plant/herbivore interactions in moist tropical forests. climatic change 39:455–472.

Collins S. A. et Dixon A. F. G. 1981: Handling time and the functional response of *Aphelinus thomsoni,* a predator and parasite of the aphid *Drepanosiphum platanoides* –J Anim- Ecol 50:479-487.

Comeau A. 1992. La résistance aux pucerons: aspects théoriques et pratiques in La lutte biologique. Morin, G., (ed.). Boucherville, Canada, Chap.23: 433–449.

Cross A.E. et Poswal M. A. 1996. Dossier on *Pauesia antennata* Mukerji. Biological Control Agent for the Brown Paech Aphid, *Pterochloroides persicae* in Yemen. International Institute of Biological Control: 21 pp.

Cross J.V., Cubison S., Harris A. et Harrington R. 2007. Autumn control of rosy apple aphid, *Dysaphis plantaginea* (Passerini), with aphicides. Crop Protection 26 : 1140–1149.

D

Damayanthi B. T. **et Karunaratne S.H.P.P.** 2005. Biochimical characterisation of insecticide resistance in insect pests of vegetables and predatory lady bird beetles. J. Natn. Science. Foundation Sri-Lanka 33(2): 115-122.

Darwich E. T. E., Attia M. B. et Kolaib M. O. 1989. Biology and seasonal activity of giant bark aphid *Pterochloroides persicae* (Cholodk.) on peach trees in Egypt. Journal Applied Entomology 107: 530-533.

Davis A. J., Jenkinson L. S., Lawton J. H., Shorrocks B. et Wood S. 1998a. Making mistakes when predicting shifts in species range in response to global warming. Nature 391:783–786.

Davis A. J., Lawton J. H., Shorrocks B. et Jenkinson L. S. 1998b. Individualistic species responses invalidate simple physiological models of community dynamics under global environmental change. Journal of Animal Ecology 67:600–612.

De Barro P. J. 2005. Genetic structure of the whitefly *Bemisia tabaci* in the Asia-Pacific. Mol. Ecol. 14:3695–3718.

Dedryver C. A. et Simon J. C. 1989. Production de formes sexuées par différents clones de pucerons des céréales provenant de régions océaniques. IOBC/WPRS Bull 12 (1):17–28.

Dedryver C. A., Le Gallic J. F., Gauthier J. P et Simon J. C. 1998: life cycle of the cereal aphid *Sitobion avenae* F.: Polymorphism and comparison of life history traits associated with sexuality. Ecol. Entomol 23: 123-132.

Deguine J. P., Leclant F. 1997. *Aphis gossypii* Glover, 1877. Coton et Fibres Tropicales, Série "Les déprédateurs du cotonnier en Afrique tropicale et dans le reste du monde", n°11. Coton et Fibres Tropicales, 110 p.

Delmotte F. et Leterme N. 2002. "Genetic architecture of sexual and asexual populations of the aphid Rhopalosiphum padi based on allozyme and microsatellite markers." Molecular Ecology 11(4): 711-723.

Delorme R., Auge D., Touton P. et Villatte F. 1997. Résistance de *Dysaphis plantaginea* à divers produits insecticides en France. ANPP-4ème conférence internationale sur les ravageurs en agriculture, Montpellier : 45–52.

Denisov V. P. 1985. Promising almond varieties for the dry regions of Central Asia. Sadovodstvo No. 2: 30-31.

De Reggi L.M. 1972. Développement larvaire du puceron *Myzus persicae* à une température anormalement élevée. Journal of Insect Physiology 18 (9) :1753-1761.

Desneux N., Barta R. J., Hoelmer K. A., Hopper K. R. et Heimpel G. E. 2009. Multifaceted determinants of host specificity in an aphid parasitoid. Oecologia 160: 387–398.

Dewar A. M. 2010. GM glyphosate-tolerant maize in Europe can help alleviate the global food shortage. Outlooks on Pest Management 21(2) : 55-63.

D.G.P.A. 2011. Direction Générale de Production Agricole. Evolution des superficies fruitières cultivées en Tunisie. Statistique du ministère de l'Agriculture. 3 pp.

D.G.A.B. 2011. Direction Générale d'Agriculture Biologique. L'agriculture biologique en Tunisie: secteur à grand potentiel d'évolution. 2 pp.

Didier J. D. S. A. et Cas G. 1967. Dosages des éléments minéraux des végétaux. Services scientifiques centraux, Bondy,44 pp.

Diffenbaugh N. S., Krupke C.H.,White M. A. et Alexander C. E. 2008. Global warming presents new challenges for maize pest management. *Environment* Research Letters **3**: 1-9.

Dinant S., Bonnemain J. L., Girousse C. et Kehr J. 2010. Phloem sap intricacy and interplay with aphid feeding. Plant Biology and Pathology 333:504-515.

Dixon A. F. G. 1985. Aphid Ecology. Blackie et Son limited. 1ère edition. ISBN 647-X. 155pp.

Dixon A. F. G. 1987. Parthenogenetic reproduction and the rate of increase in aphids. In

Aphids, their biology, natural enemies and control 2:269–287.

Dixon A. F. G. 1998. Aphid ecology. An optimization Approach, second edition Chapman and Hall, London, 300 pp.

Dransfield R. D. 1979. Aspects of host parasitoid interactions of two aphid parsitopids aphidius urticae (Haliday) and Aphidius uzbackistanicus   (Luzhetski) (Hymenoptera, Aphidiidae)- Ecol-Entomol 4: 307-316.

E

Eastop V. F. et Hillé Ris Lambers D. 1976. Survey of the World's Aphids. W. Junk. The Hague. 573 pp.

El Trigui A. W. et El Sherif R., 1989- A survey of the important insects, diseases and others pests affecting almond tree in Tunisia. Arab Journal of Plant Protection. 5: 1-7.

El Trigui A., El Cherif R. et Ammar E. 1989. Contribution à l'étude du puceron brun *Pterochlorus persicae* (Cholodk). Nouveau ravageur des arbres fruitiers à noyaux en Tunisie. *Ann INRAT* 62 (11): 40pp.

Emden H. F. V. et Harrington R. 2007. Aphids as crop pests / edited by Helmut F. van Emden and Richard Harrington, CABI. 513pp.

F

F. A. O. 2004. Production mondiale des fruits, Banque de données statistiques. F.A.O. Stat. (Site Internet: http: // www. FAO- org. Com).

F. A. O. 2006. Production d'amandes dans le monde, Banque de données statistiques. F. A. O. Stat (Site Internet: http: // www. FAO- org. Com).

Fabre J. P. et Rabasse J. M. 1987. Introduction dans le sud-est de la France d'un parasite *Pauesia cedrobii* (Hym.: Aphidiidae) du puceron, *Cedrobium laportei* (Hom.: Lachnidae) du cedre de l'atlas, *Cedrus atlantica. Entomophaga* 32: 127-141.

Feener D. H. et Brown B. V. 1997. Diptera as parasitoids. Annual Review of Entomology 42: 73–97.

Feng J., Zhu M., Schaub M. C., Gehrig P., Roschitzki B., Lucchinetti E. et Zaugg M. 2008. Phosphoproteome analysis of isoflurane-protected heart mitochondria: phosphorylation of adenine nucleotide translocator-1 on Tyr194 regulates mitochondrial function. Cardiovasc. Res. 80: 20–29.

Ferrari J., Darby A. C., Daniell T. J., Godfray H. C. J., et Douglas A. E. 2004. Linking the Bacterial Community in Pea Aphids with Host-plant Use and Natural Enemy Resistance. Ecological Entomology 29 (1): 60–65.

Ferron P., Fargues J. et Riba G. 1993. Les champignons agents de lutte microbiologique contre les ravageurs. Dans Fraval A. (éd.), La lutte biologique. Dossier de la Cellule environnement de l'INRA 5: 65-93.

Figueroa C.C, Simon J.C, Le Gallic JF et Niemeyer H.M. 1999. Molecular markers to differentiate two morphologically-close species of genus Sitobion(Homoptera, Aphidoidea); Entomol. Exp. Appl, 92: 217-225.

Fisher D. B., Wright P. J. et Mitter T. E. 1984. Osmoregulation by the aphid *Myzus persicae*, physiological role honeydew oligosaccharides. Journal of insect physiology 30 (5):387-394.

Fleury F. 1993. Les rythmes circadiens d'activité chez les Hyménoptères parasitoïdes de Drosophiles. Variabilité, déterminisme génétique, signification écologique. Thèse de doctorat, Université Claude Bernard - Lyon I, Lyon :187 pp.

Falmer O., Black M., Hoeh W., Lutz R. et Vrijenhoek R. 1994. DNA primers for amplification of mitochondrial cytochrome c oxidase subunit I from diverse metazoan invertebrates. Molecular Marine Biology and Biotechnology 3: 294-299.

Foottit R. G., Maw H. E., Cd V. O. N. D. et Hebert P. D. 2008. Species identification of aphids (Insecta: Hemiptera: Aphididae) through DNA barcodes *Mol Ecol Resour,* 8 :1189-1201.

Forrest J. M. S. 1987. Galling aphids. In: Minks, A.K., Harrewijn, P., (eds.). World crop pests – Aphids, their biology, natural enemies and control, vol. 2A. Elsevier, Amsterdam/New York: 341–353.

Forrest J. M. S. et Dixon A.F.G. 1975. The induction of leaf- roll galls by the apple aphids *Dysaphis devecta* and *D. plantaginea* (Hom., Aphididae). Ann. Appl. Biol 81: 281- 288.

Foster S.P., Harrington R., Dewar A. M., Denholm I. et Devonshire A.L. 2002. Temporal and spatial dynamics of insecticide resistance in Myzus persicae (Hemiptera: Aphididae). Pest Management Science 58, 895–907.

Fraval A. 2006. Les pucerons – 1ère partis. Insectes 141: 3-8.

Frédéric F., Pascal G., Nicolas H., Gabriel M., Edwin D. P. et Eric H. 2006. Proteomics in *Myzus periscae*: Effect of aphid host plant switch, Insect Biochemistry and Molecular Biology 36: 219-227.

G

Gagne I., Coderre D. et Mauffette Y. 2002. Egg cannibalism by *Coleomegilla maculatalengi* neonates: preference even in the presence of essential prey. *Ecological Entomology* 27 : 285–291.

Gagnon A.E. 2005 : L'écologie moléculaire. L'intégration du moléculaire en Entomologie, futilité ou panacée. Bulletin de la société d'Entomologie du Québec. Antennae, vol 12, n°3.

Garg B. K., Kathju S. et Burman U. 2001. Influence of water stress on water relations, photosynthetic parameters and nitrogen metabolism of moth bean genotypes. *Biologia Plantarum* 44 : 289-292.

Gauffre B. 2005. Spécialisation écologique et mode de reproduction chez le puceron *Sitobion avenae* dans les paysages agricoles. Master 2 recherche : Ethologie, Ecologie, Evolution Ecole doctorale Vie-Agro-Santé. Agrocampus Renne. 36 pp.

Getz W. M et Mills N. J 1996. Host parasitoid coexistence and egg-limited encounter rates. American Naturalist, 148: 333-347.

G.P.T. 2009. Guide Phytosanitaire de la Tunisie. Association Tunisienne de la protection des plantes. 346 pp.

Godfray H.C.J. 1994. Parsitoids: Behavioral and Evolutionary Ecology. Princeton University Press, Princeton, New Jersey. 473 pp.

Godin, C. et Boivin, G. 2002. Guide d'identification des pucerons dans les cultures maraichères au Québec. Agriculture et Agroalimentaire Canada, 31pp.

Goettel M. S. et Inglis J. 1997. The safety of fungal biocontrol agent invertebrates. Journal of Applied Entomology 131: 118-125.

Goth H. G., Kim J. H. et Han M. W. 2001. Application of *Aphidius colemani* Viereck for Control of the Aphid in Greenhouse J. Asia-Pacific Entomol. 4 (2): 171-174.

Graf B., Höpli H. U., Höhn H. Et Samietz J. 2006. Temperature effects on egg development of the rosy apple aphid and forecasting of egg hatch. Entomologia Experimentalis et Applicata 119, 207–211.

Gray G.C., McCarthy T., Capuano A.W., Setterquist S.F., Olsen C.W. et Alavanja M.C. 2007. Swine workers and swine influenza virus infectionsEmerg. Infect. Dis., 1: 1871–1878.

Gueguen L. et Rombauts P. 1961. Dosage du sodium, du potassium, du calcium et du magnésium par spectrophotométrie de flamme dans les aliments. Le lait et les excreta. *Anim. Bioch. Biophys*,1: 3pp.

Guerfali M. S., Raies A., Ben Salah H., Loussaif F. et Caceres C., 2007. Pilot Mediterranean fruit fly *Ceratitis capitata* rearing facility in Tunisia: constraints and prospects: 535-543. In M.J.B. Vreysen, A.S. Robinson, and J. Hendrichs (eds.), Area-wide control of insect pests. From research to field implementation. Springer, Dordrecht, the Netherlands.

Gurulingappa P., McGee P. A.et Sword G. 2011. Endophytic *Lecanicillium lecanii* and *Beauveria bassiana* reduce the survival and fecundity of *Aphis gossypii* following contact with conidia and secondary metabolites. Crop protection 30: 349-353.

H

Hampson M.J. et Madge D. S. 1986. Morphometric variation between clones of the damson-hop aphid, Phorodon humili (Schrank) (Hemiptera: Aphididae). Agriculture, Ecosystems and Environment 16 (3-4):255-264.

Hance T. J., Baaren V., Vernon P. et Boivin G. 2007. Impact of temperature extremes on parasitoids in a climate change perspective. Annu. Rev. entomol. 52: 107-126.

Hanzhong X. et Huifang D. 1992. Experiments on rearing and greenhouse release of the larvae of *Metasyrphus Corollae* [Dip.:Syrphidae]. Chinese Journal of Biological Control. Abstract.

Hardie J. 1986. Morphogenetic effects of precocenes on three aphid species. J Insect Physiol 32: 813–818.

Harry M. 2001. Génétique moléculaire et évolutive. Maloine: 326pp.

Harry M., Solgnac M. et Lachaise D. 1998. Molecular evidence for parallel evolution of adaptive syndromes in fig-breeding Lissocephala (Drosophiliidae). Molecular Phylogenetics and Evolution 9: 542-551.

Hartl D.J. et Clark A.G., 1997. Principles of population genetics. 3rd edition. Sinauer, Sunderland,

MA. ISBN 0-87893-306-9.

Harvey N. G., Fitzgerald J. D., James C. M. et Solomon M. G. 2003. Isolation of microsatellite markers from therosy apple aphid *Dysaphis plantaginea*. Molecular Ecology Notes 3:111–112.

Hassell M. P. 1978. The dynamic of arthropod predator-prey systems- Princeton Univ. Press, New Jersey, 237 pp.

Hassel M. P. et Southwood T. R. E. 1978. Foraging strategies of Insects. *Ann. Rev. Ecol. Syst.* 9: 75-98.

Hazell S. P., Groutides C., Neve B. P., Blackburn T. M. et Bale J. S. 2010. A comparison of low temperate tolerance traits between closely related aphids from the tropics, temperate zone, and Arctic. Journal of Insect Physiology 56: 115-122.

Heie O. E. 1987. Paleontology and phylogeny. In Aphids: their biology, natural enemies, and control, 2a:367-391.

Hemerik L. et Harvey J. A. 1999. Flexible larval development and the timing of destructive feeding by a solitary parasitoid: an optimal foraging problem in evolutionary perspective. Ecol. Entomol 24: 308-315.

Hemptinne J.L., Dixon A. F. G., Guillaume P., Bouchery Y. et Gaspar C. 1995. Programme de productionintégrée contre le puceron des pommiers *Dysaphis plantaginea* Passerini (Homoptère: Aphididae): prévision des variations saisonnières et annuelles de la densité des populations. Le Fruit Belge 456: 111–116.

Hewitt G. M. 2004. Genetic consequences of climatic oscillations in the Quaternary. University of East Anglia, Norwich NR4 7TJ, UK 29; 359(1442): 183–195.

Hidalgo N. P. Bouhraoua R. T., Boukreris F., Benia F., Mohamed-Khelil A., Pujade-Villar J. 2012. New Aphid Records (Hemiptera Aphididae) From Algeria And The Northern Africa Redia, Xcv: 31-34.

Hillis D. M., Mable B. K., Larson A., Davis S. K. et Zimmer E. A. 1996. Nucleic acids IV:

Sequencing and cloning. P: 321-381 in Molecular Systematics (Hillis DM, Moritz C, Mable BK). 2nd Edition, Sinauer Associates Inc. Sunderland, MA, USA.

Hindayana D, R Meyhofer, D Scholz and H M Poehling 2001. Intraguild predation among the hoverfly Episyrphus balteatus (De Geer) (Diptera: Syrphidae) and other aphidophagous predators, Biological Control, 20, pp. 236 – 246.

Huberty A. F. et Denno R.F. 2004. Plant water stress and its consequences for herbivorous insects: a new synthesis, Ecology 85:1383-1398.

Hulle M., Turpeau-Ait E., Robert T.M., Monnet Y., 1999- Les pucerons des plantes maraichères, Cycles biologiques et activités du vol, Ed. INRA. ACTA : 136pp.

Hullé M., Maurice D., Rispe C., et Simon J. C. 1999. Clonal variability in sequences of morph production during the transition from parthenogenetic to sexual reproduction reproduction in the aphid Rhopalosiphum padi (Sternorryncha: Aphidiadae). Europe Journal Entomology: 96: 125-134.

Hullé M., Chaubet B., Turpeau A., Lghil E., et Dedryver C.A. 2011. les pucerons des grandes cultures. Cycles biologqiues et activité de vol. Editions Quae. 136pp.

Hofsvang T. et Hagvar E. B. 1983: Superparasitism and host discrimination by *Ephedrus cerasicola* (Hym: Aphidiidae) an aphid parasitoide of *Myzus persicae* (Hom: Aphididae), Entomophaga, 28: 379-386.

Hong B. et Hung H. 2010. Effect of temperature and diet on the life cycle and predatory capacity of Episyrphus balteatus (De Geer) (Syrphidae: Diptera) cultured on Aphis gossypii(Glover). Journal Of Issaas (International Society For Southeast Asian Agricultural Sciences) 16(2):98-103.

Holopainen J.K. et. Kainulainen P. 2004. Reproductive capacity of the grey pine aphid and allocation response of Scots pine seedlings across temperature gradients: a test of hypotheses predicting outcomes of global warming. Can. J. For. Res. 34: 94–102.

Holling, C. S. 1959. Some characteristics of simple types of predation and parasitism. Canadian Entomologist **91**:385–398.

J

Janjua N. A. et Chaudhry G. U. 1964. Black peach aphid, *Pterochlorus* (*Lachnus*) *persicae* (Cholodk.). *In*: Biology and control of hill fruit pests of West Pakistan. Karachi, Pakistan; Food and Agriculture Council, Pakistan: 158 pp.

Jensen D., Torn M., et Harte J. 1992. The nature and consequences of indirect linkages between climate change and biological diversity. In R. Peters and T. Lovejoy (Eds.). Global Warming and Biological Diversity: 325–343.

Jerraya A. 2003. Principaux nuisibles des plantes cultivées et des denrées stockées en Afrique du Nord; leur biologie, leurs ennemis naturels, leurs dégâts et leurs contrôles. Climat pub, 415pp.

Jerraya A. et Al Rouechdi K. 2005. La protection phytosanitaire en Afrique du Nord: quelles perspectives ? In : Enjeux phytosanitaires pour l'agriculture te l'environnent, Pesticides et biopesticides-OGM (ed. Regnault-Roger C). Lavoisier Paris: 475-493.

Jervis M. A. et Kidd N. A. C.1986. Hostfeeding strategies in hymenopteran parasitoids. Biological Review 61: 395-434.

Jonhson B.1965. Wing polymorphism in aphids II. Interaction between aphids. Entomologia. Experimentalis et Applicata 8: 49-64.

Johnson B. 1966. Wing polymorphism in aphids III. The influence of the host plant. Entomologia Experimentalis et Applicata 9: 213-222.

Jourdheuil P., Grison P. et Fraval A. 2002. La lutte biologique: un aperçu historique. INRA (Institut National de la Recherche Agronomique), Laboratoire de Zoologie, Le Courrier de l'Environnement de l'INRA n°15.

K

Kairo M.T. K. et Poswal M. A. 1995. The brown peach aphid *Pterochloroides persicae* (Lachninae, Aphididae): Prospects for IPM with particular emphasis on classical biological control. Biocontrol News and Information 16, 41-47.

Karley A. J., Douglas A. E. et Parker W. E. 2002. Amino acid composition and nutritional quality of potato leaf phloem sap for aphids. Journal of Experimental Biology 205: 3009-3018.

Kenneth R.G. 1977. *Entomophthora turbinata* sp. n., a fungal parasite of the peach tree aphid, Pterochloroides persicae (Lachnidae). Mycotaxon 6: 381-390.

Kfir R. et Kirsten F. 1991. Seasonal abundance of *Cinara cronartii* (Homoptera: Aphididae) and effect of introduced parasitoid *Pauesia* sp (Hymenoptera: Aphididae). Journal of Economic Entomology 84: 76-82.

Kfir R., van Rensburg N.J. et Kirsten F. 2003. Biological control of the black pine aphid, *Cinara cronartii* (Homoptera, Aphididae), in South Africa. African Entomology 11: 117-121.

Khan A. N., Khan I. A., Poswal M. A. 1998. Evaluation of different hosts and developmental biology and reproductive potential of brown peach aphid, *Pterochloroiddes persicae* (Lachninae, APhidiae) under laboratory conditions. Sarhad Journal of Agriculture 14: 369-376.

Kharrat S. et Jerraya A. 2006. Growth Loss in Citrus Shoots Infested with *Phyllocnistis Citrella* used for Grafting (Lepidoptera: Gracillariidae). – Entomol Gener 28 (4): 291–296.

Kim K. S., Bellendir S., Hudson K. A., Hill C. B., Hartman G. L., Hyten D. L., Hudson M. E. et Diers B. W. 2010. Fine mapping the soybean aphid resistance gene *Rag1* in soybean. Theoretical and Applied Genetics 120: 1063-1071.

King B. H. 1993. Sex ratio manipulation by parasitoid wasps. In evolution and diversity of sex ratio in insects and mites. Edited by DL Wrensch and M.A. Ebbert. Chapman and Hall, New York418-441.

Knop W. 1969. Quantitative Untersuchungen über die Ernährungsprozesse der Pflanzen. Landwirtsch. Vers. Stn. 7: 93-107.

Kraaijeveld A. R. et Godfray H. C. J. 1999. Geographic patterns in the evolution of resistance and virulence in Drosophila and its parasitoids. *American Naturalist* 153: 61-74.

L

Latham D. R. et Mills N. J. 2010. Quantifying aphid predation: the mealy plum aphid Hyalopterus pruni as a case study. Journal of Applied Ecology 47: 200-208.

Laumann R. A. Moraes M. C. B., Čokl A. et Borges M. 2007. Eavesdropping on sexual vibratory signals of stink bugs (Hemiptera: Pentatomidae) by the egg parasitoid *Telenomus podisi*. Animal Behaviour 73(4): 637-649.

Lazzari S. M. N. et Voegtlin D. J. 1993 Morphological variation in *Rhopalosiphum padi* and R. insertum (Homoptera: Aphididae) related to host plant and temperature. Annals of the Entomological Society of America 86 (1): 26-36.

Leaher S. R., et Dixon A. F. G. 1984. Aphid growth and reproductive rate. Entomologia

et Exprimentalis Applicata 35: 137-140.

Lecoq H. 1996. Les pucerons: des redoutables vecteurs de virus des plantes. PMH ; Revue Horticole 369: 25-28.

Leclant F. 1978. Etude Bioécologique des Aphides de la région méditerranéenne. Implications agronomiques.- Thèse d'Etat, Université des sciences et techniques du Languedoc, Montpellier, France: 327 pp.

Leclant F. 1981. Les effets nuisibles des pucerons sur les cultures. ACTA. Paris: 37-56.

Leclant F. 1999. Les pucerons des plantes cultivées, clefs d'identification des grandes cultures. ACTA, édition INRA, 64 pp.

Leclant F. et Lecoq H. 1996. Les pucerons : de redoutables vecteurs de virus des plantes, PH M, 369: 25-36.

Lees A. D. 1967. The production of apterous and alate forms of the aphid Megoura viciae Buckton, with special reference to the role of crowding. Journal of insect Physiology 3:207-277.

Le Monnier Y. et Livery A. 2003. Une enquête Manche-Nature: Atlas des Coccinelles de la Manch, Les Dossiers de Manche-Nature, 5: 206 pp.

Li B-P. et Mills N., 2004. The influence of temperature on size as an indicator of host quality for the development of a solitary koinobiont parasitoid. *Entomologia Experimentalis et Applicata,* **110,** 249-256.

Lommen S. T. E., Middendorp C. W., Luijten C. A., van Schelt J., Brakefield P. M. et de Jong P. W. 2008. Natural flightless morphs of the ladybird beetle *Adalia bipunctata* improve biological control of aphids on single plants. Biological Control 47(3): 340-346.

Loxdale H. D. 2010. Rapid genetic changes in natural insect populations. Ecological Entomology 35: 155-164.

Loxdale H.D., Massonnet B., Schofl G. et Weisser W.W. 2011. Evidence for a quiet revolution: seasonal variation in colonies of the specialist tansy aphid Macrosiphoniella tanacetaria (Kaltenbach) (Hemiptera: Aphididae) studied using microsatellite markers. Bulletin of Entomological Research 101: 221-239.

Lozier J. D., Roderick G. K. et Mills N. J. 2007. Genetic evidence from mitochondrial, nuclear, and endosymbiont markers for the evolution of host plant associated species in the aphid genus *hyalopterus* (hemiptera: aphididae .Evolution 61: 1353-1367.

Lozier J. D., Robert G. F., Miller G. L., Mills N. J. et Roderik G. K. 2008. Molecular and morphological evaluation of the aphid genus *Hyalopterus* Koch (Insecta; Hemiptera; Aphididae), with a description of a new species. Zootaxa 1688: 1-19.

Lykouressis D.P. 1983. Keys for the identification of the Instars of the English Grain Aphid *Sitobion avenae* F. (Hemiptera, Aphididae). Entomologia Hellinica (1): 47-51.

Lyon J. P. 1983. Les prédateurs auxiliaires de l'agriculture in Faune et flore auxiliaires de l'agriculture (Journées d'études et d'informations) ACTA, Paris: 35-38.

M

Mackauer M., Michaud J. P. et ölkl W. 1996. Host choice by aphidiid parasitoids (Hymenoptera: Aphidiidae): host recognition, host quality and host value. Canadian Entomologist. 128:959–980.

Mann G. S., Darshan S. et Dhatt, A.S. 1979. Chemical control of *Pterochloroides persicae* (Cholod.), a sporadic pest of peach and almond in Punjab. Indian Journal of Agricultural Sciences 49, 895-897.

Marsh P. M. 1991. A new species of *Pauesia* (Hymenoptera, Braconidae, Aphidiinae) from Georgia and introduced into south Africa against the black pine aphid (Homoptera: Aphididae). Journal of Entomological Science 26: 81-84.

Matin S. B., Sahragard A. et Rasoolian G. 2009. Some biological parameters of *Lysiphlebus fabarum* (hymenoptera: aphidiidae) a parasitoid of *Aphis fabae* (homoptera: aphidiidae) under laboratory conditions. Mun. Ent. Zool. 4 (1): 103-200.

Margaritopoulos J.T., Blackman R.L., Tsitsipis J.A. et Sannino L. 2003. Co-existence of different host-adapted forms of the Myzus persicae group (Hemiptera: Aphididae) in southern Italy. Bulletin of Entomological Research 93: 131–135.

Margaritopoulos J.T., Shigehara T., Takada H. et Blackman R.L. 2007. Host-related morphological variation within Myzus persicae group (Homoptera: Aphididae) from Japan. Applied Entomology and Zoology 42: 329–335.

Marin J., Crouau-Roy B., Hemptinne J.L., Lecompte E. et Margo A. 2010. *Coccinella septempunctata* (Coleoptera, Coccinellidae): a species complex- *Zoological scripta* 39 : 591-602.

Martinez-Torres D., Simon J.C., Freres A. et Moya A. 1996: Genetic variation in natural population of the aphid *Rhopalosiphum padi* as revealed by maternally inherited markers. Mol. Ecol. 5: 659-670.

Mattson W. J. 1982. Herbivory in relation to plant nitrogen content. Annual Review of. Ecology, evolution and Systematic 11: 119-164.

Mc Neiill S. et Southwood T.R.E. 1978. The role of Nitrogen in the development of insect-plant relationships. Biochemical Aspect of Plant and Animal Coevolution:77-98.

Mdellel L. 2008. Bioecologie et dynamique des populations aphidiennes au niveau des arbres fruitiers à noyaux. Mastère de recherche. Institut Supérieir Agronomique de Chott Mariem. 134 pp.

Mdellel, L., Ben Halima Kamel, M. et Teixeira Da Silva J.A. 2011. Effect of Host Plant and Temperature on Biology and Population Growth of *Pterochloroides persicae* Cholodv (Hemiptera, Lachninae). Pest technology 5 (1): 74-78.

Mdellel L. et Ben Halima Kamel M. 2012. Prey conception efficiency and fecundity of the ladybird beetle, Coccinella algerica Kovar (Coleoptera, Coccinellidae) feeding on the giant Brown bark aphid, Pterochloroides persicae (Cholokovsky) (Hemiptera: Lachninae). African Entomology 20 (2): 292-299

Mi J.S. et Young N.Y. 2002. Effective Preservation Methods of the Asian Ladybird, *Harmonia axyridis* (Coleoptera: Coccinellidae), as an Application Strategy for the Biological Control of Aphids. J. Asia-Pacific Entomology 5 (2): 209-214.

Miles P. W. 1989. The responses of plants to the feeding of Aphidoidea: principles. In: Minks, A.K., Harrewijn, P., (eds.). World crop pests – Aphids vol. 2C. Elsevier, Amsterdam/New York, 22 pp.

Millar L. 1994. A catalogue of the aphids (Homoptera: Aphidoide of Sub-saharan Africa. Plant Protection Research Institute, South Africa, 130 pp.

Mimeur J.M. 1942. Aphididae Nord-Africains. Bulletin de la société des sciences naturelles du Maroc (1941), 21 : 67-70.

Minks A. K. et Harrewijn P. 1987- Aphids, their biology, natural enemies and control, Volume A. 450 pp.

Miyazaki M. 1987. Morphology of aphids . In Aphids, Their Biology, Natural Enemies and Control A, 2:1–25. Elsevier. A. K. Minks & P. Harrewijn.

Miyazaka S. C. Hansen J. D. et McDonald T. G. 2007. Effect of nitrogen and potassium in kikuyu grass on feeding by yellow sugarcane aphid. Crop Protection 26:511-517.

Mondedji D., Amevoin K., Nuto Y. et Glitho I. A. 2002. Potentiel reproducteur de *D. basalis* Rond. (Hymenoptera: Pteromalidae) en présence de son hôte *Callosobruchus maculatus* F. (Coleoptera: Bruchidae) en zone guinéenne. Insect Science and its Application 22: 113–121.

Monet R. 1985. Heredity of the resistance to leaf curl (*Taphrina deformans*) and green peach aphid (*Myzus persicae*) in the peach. *Acta Horticulturae* 173: 21-23.

Moravvej G. H., Hatefi S. 2008. Role of nitrogen content of pea (*Pisum sativum* L.) on pea aphid (*Acyrthosiphum pisum* Harris) establishment. Caspian Journal of Environmental Sciences 6 (2): 113-131.

Muller C.B., Williams I.S. et Hardie J. 2001. The role of nutrition, crowding and interspecific interactions in the development of winged aphids. Ecol. Entomol. 26: 330-340.

N

Najimi B., El Jaafari S., Jlibène M. et Jacquemin J. M. 2003. Applications des marqueurs moléculaires dans l'amélioration du blé tendre pour la résistance aux maladies et aux insectes. Biotechnol. Agron. Soc. Environ 7 (1): 17–35.

Nault L.R. 1997. Arthropod transmission of plant viruses—a new synthesis. *Ann. Entomol. Soc. Am.* **90**, 521–541.

Ndoutoume-Ndong A. et Rojas-Rousse D. 2007. Y a-t-il élimination *d'Eupelmus orientalis* Crawford par Eupelmus vuilleti Crawford (Hymenoptera : Eupelmidae) des systèmes de stockage du niébé (*Vigna unguiculata* Walp) ? [Is there elimination of *Eupelmus orientalis* Crawford by *Eupelmus vuilleti* Crawford (Hymenoptera: Eupelmidae) out of the niebe (*Vigna unguiculata* Walp) stocks?. Annales de la Société Entomologique de France 43 (2): 139-144.

Nieto Nafría J. M. et Mier Durante M. P. 1998. In Fauna Ibérica, Vol. 11 (Ed, Ramos, M. A. e. a.) Museo Nacional de Ciencias Naturales, CSIC, Madrid. 424 pp.

Nieto Nafría J. M., Mier Durante M. P. et Ortego J. 2002. *Pentamyzus* Hille Ris Lambers, a neotropical genus of the Tribe Macrosiphini (Hemiptera: Aphididae: Aphidinae), with the description of a new species. Proc. Entomol. Soc. Washington 104: 918-927

NIM, 2008: National Institute of Meteorology of Tunisia.

O

Obrrycki, J .J. et Orr C.J. 1990. Suitability of three prey species for Nearctic populations of *Coccinella septempunctata*, *Hippodamia variegata* and *Propylea quatuordecimpunctata* (Coleoptere; Coccinellidae). Journal of Economic Entomology 83: 1292-1297.

Oliver K. M., Russell J. A., Moran N. A. et Hunter M. S. 2003. Facultative Bacterial Symbionts in Aphids Confer Resistance to Parasitic Wasps. Proceedings of the National Academy of Sciences 100 (4): 1803-1807.

Oliver K. M., Degnan P. H., Burke G. R. et Moran N. A.. 2010. Facultative Symbionts in Aphids and the Horizontal Transfer of Ecologically Important Traits ». Annual Review of Entomology 55: 247-266.

Omkar P. A. et Geetanjali M. 2005. Preference–performance of a generalist predatory ladybird: A laboratory study. Biological Control 34: 187–195.

Ortiz-Rivas, B. et Martinez-Torres D. 2010. Combination of molecular data support the existence of three main lineages in the phylogeny of aphids (Hemiptera: Aphididae) and the basal position of the subfamily Lachninae Mol Phylogenet Evol 55: 305-17.

Ortiz-Rivas B., Martínez-Torres D. et Pérez Hidalgo N. 2009. Molecular phylogeny of Iberian Fordini (Aphididae: Eriosomatinae): implications for the taxonomy of genera *Forda* and *Paracletus*. Systematic Entomology 34: 293-306.

Oswald C.J. et Brewer M. J. 1997. Aphid-barley interactions mediated by water stress and barley resistance to Russian wheat aphid (Homoptera: Aphididae). Environmental Entomology 26 :591-602.

P

Papierok B. et Hajek A.E. 1997. Fungi: Entomophthorales. In: Lacey,L. (Ed.), Manual of Techniques in Insect Pathology. Academic Press, San Diego, CA: 187-212.

Parish W.E.G. et Bale J.S. 1990. Effects of short term exposure to low temperature on wing development in the grain aphid *Sitobion avenae* (F.) (Hem., Aphididae). Journal of Applied Entomology, 109, 175–181.

Patti I. et Maniglia G. 1980. Infestazioni in Sicilia di un nuovo afide dannoso alle drupacee e orientamenti di lotta. *Atti Giornate Fitopatologiche* 22-24 : 303-310.

Penvern S., Bellon S., Fauriel J. et Sauphanor B. 2010. Peach orchard protection strategies and aphid communities: towards an integrated agroecosystem approach.Crop Prot. 29: 1148-1156.

Pelosse P., Bernstein C., Desouhant E. 2007. Differential energy allocation as an adaptation to different habitats in the parasitic wasp *Venturia canescens* Evolutionary Ecology 21: 669–685.

Pimentel D., Acquay H.A., Biltonen M., Rice P., Silva M., Nelson J., Lipner V., Giordano S., Horowitz A., et D'Amore M. 1992. Environmental and economic costs of pesticide use. Bioscience 42 (10): 750-760.

Pitman R. M., Vanguelova E. I. et Benhan S. E. 2010. The effect of phytophagous insects on water and soil nutrient concentrations and fluxes through forest stands of the level II monitoring network in the UK. Science of the Total Environment 409: 169-181

Phoofolo M. W., Kristopher L. G. et Norman C. E. 2007. Quantitative evaluation of suitability of the greenbug, *Schizaphis graminum*, and the bird cherry-oat aphid, *Rhopalosiphum padi*, as prey for *Hippodamia convergens* (Coleoptera: Coccinellidae). Biological Control 41: 25–32.

Plantegenest M., Outreman Y., Goubault M. et Wajnberg E. 2004. Parasitoids flip a coin before deciding to superparasitize. Journal of Animal Ecology 73, p. 802-806.

Plotnikov V. 1915. Reports of the work of the Turkestan Entomological Station in 1912, 1913, 1914 and part of 1915. Tashkent, 60 pp.

Polgar L. A., Duwus I. B., Purcher P., et Szehger' S. 1996. Comparison of ecdysteroid concentration in different morphs of aphids Come. B&hem. Physiol. Vol. 11X (2) 179-183.

R

Rabasse, J., Iperti G. et Lyon J. P. 1978. Coïncidence chronologique entre les pullulations de pucerons, les coccinelles et les syrphes. Annales de Zoologie, écologie animales 10 (3) : 345-351.

Rabatel A. 2011. Développement embryonnaire du puceron *Acyrthosiphon pisum*: caractérisation de voies métaboliques et gènes clé dans les interactions trophiques avec *Buchnera aphidicola*. Thèse en biologie. Institut National des Sciences Appliquées de Lyon : 207 pp.

Rakhshani E., Talebi A.A., Stary P., Manzari S. et Rezwani A. 2005. Re-description and Biocontrol Information of *Pauesia antennata* (Mukerji) (Hym., Brachonidae) Parasitoid of *Pterochloroides persicae* (Chol)(Hom., Aphidoidea, Lachnidae). Journal of the Entomological Research Society. 7 (3): 59-69.

Ramade F .2003. *Eléments d'Écologie, Ecologie fondamentale (3rd Edn)*Dunod, Paris, 704 pp.

Ramos S., Moya A., Martinez-Torres D. 2003. Identification of a gene overexpressed in aphids reared under short photoperiod. *Ins Biochem Mol Biol* 33:289-298.

Ratnasingham S. et Hebert P. D. N. 2007. BOLD: The barcode of life data system. Molecular Ecology Notes, 7, 355-364.

Reboulet J.N., 1999. Les auxiliaires entomophages – reconnaissance, méthodes d'observation, intérêt agronomique. Ed. ACTA : 136 pp.

Remaudiere G. et Leclant F. 1971. The complex of natural enemies of peach aphids in the Middle Rhone Valley. Entomophaga 16(3): 255-267.

Remaudière G. et Muños Viveros A. L. 1985. Pucerons nouveaux et peu connus du Mexique. 6è note. Biologie et taxonomie du genre *Muscaphis*. *Ann. Soc. ent. Fr.* (N.S.) 21: 433–447.

Remaudière G. et Remaudière M. 1997. *Catalogue of the world's Aphididae.*, INRA Editions, Paris. 473 pp.

Reynolds L. V., Ayres M. P., Siccama T. G. et Holmes R. T. 2007. Climatic effects on caterpillar fluctuations in northern hardwood forests. *Canadian Journal of Forest Research* 37, 481-491.

Rivero A. et West S. 2002. The physiological costs of being small in parasitoid wasps. **Evolutionary Ecology Research** 4: 407-420.

Richardson B. J., Baverstock P. R., Adams M. 1986. Allozyme electrophoresis. A handbook for animal systematics and population studies. London, Academic Press.

Robert Y. 1981. Fluctuation et dynamique des populations des pucerons de cultures, ACTA, Paris : 195-213.

Robert Y. 1988. Particularités éthologiques des aphides : cycles, comportement de vol, journées d'information sur les invertébrés vecteurs d'agents phytopathogènes ANPP-ENSAM : 233-243.

Rochat J. 1997. Modélisation d'un système hôte-parasitoïde en lâcher inoculatif: application au couple *Aphis gossypii-Lysiphlebus testaceipes* en serre de concombre. Thèse, Université Claude Bernard, Lyon, France, 236 pp.

Roderick G.K. 1996. Geographic structure of insect populations: gene flow, phylogeography, and their uses. Annual Review of Entomology 41: 325–352.

Rosenheim, J.A., L.R. Wilhoit et C.A. Armer. 1993. Influenceof intraguild predation among generalists insects predators on the suppression of herbivore population. Oecologia 96 : 439-449.

Roth M. 1968. Initiation à la biologie des insectes. Numéro 6 de l'initiation. Documentation techniques. ORSTOM. 189 pp.

Rotheray G. E. 1991. Larval stages of 17 rare and poorly known British hoverflies (Diptera, Syrphidae). Journal of natural history 25: 945-969.

<u>S</u>

Sadhu G. S. et Sohi A.S. 1978. High volume and ultra low volume spraying for control of peach stem aphid in Punjab. Pesticides 12, 15-17.

Sahraoui L. 1994. Inventaire et étude de quelques aspects bioécologiques des coccinelles,entomophages (Coleoptera, Coccinellidae) dans l'algérois. Journal of African Zoology 108 (6):537-546.

Saharaoui L., Iperti G. et Gourreau J. M. 2001. Les coccinelles d'Algérie: inventaire préliminaire et régime alimentaire (Coleoptera, Coccinellidae). Bulletin de la Société Entomologique de France 103 (3): 216-219.

Salas M. L., et Corcuera L.J. 1991. Effect of environment on gramine content in barley leaves and susceptibility to the aphid *Schizaphis graminum*. Phytochemistry, 30: 3237-3240.

Salvato P., Battisti A., Concato S., Masutti L., Patarnello T. et Zane L. 2002. Genetic differentiation in the winter pine processionary moth (Thaumetopoea pityocampa –wilkinsoni complex), inferred by AFLP and mitochondrial markers. Molecular Ecology11: 2435-2444.

Sandstrom J. et Pettersson J. 1994. Amino acid composition of phloem sap and relation to intraspecific variation in pea aphid *Acythosiphon pisum* performance. Journal of Insect Physiology 40: 947-955.

Sauvion N. 1995. Effet et mode d'action de deux lectines à mannose sur le puceron de pois, *Acyrthosiphon pisum* (Harris). Potentiel d'utilisation des lectines végétales dans une stratégie de création de plantes transgéniques résistante aux pucerons (Thèse de Doctorat), Institut National des Sciences Appliquées de Lyon : 333 pp.

Scorza R. et Okie W. R. 1985. Peaches (*Prunus*). Acta Horlticulturae 173: 177-231.

Sylvester , E.S. 1980. Circulative and propagative virus transmissions by aphids . Annual Revue of Entomology (25): 257-286.

Scholander P. F., Hmmel H. T., Badstreet E. D. et Hmmingsen E. A. 1965. Sap pressure in vascular plants. Science 148: 339-346.

Sekkat A., 1987. Etude bioécologique des aphides du Sais et moyens Atlas (Maroc). Implications agronomiques. Thèse de doctorat d'état en Sciences présentée à l'Univesité des Sciences et Techniques du Languedoc Montpellier.253 pp.

Sezonlin M. 2006. Phytogéographie et Génétique des populations du foreur de tiges de céréales *Busseola Fusca* (Fuller) (Lepidoptera, Noctuidae) en Afrique subsaharienne, Implications pour la lutte biologique contre cet insecte. Thèse de doctorat de l'université de Paris XI – Orsay Ecole Doctorale : Gènes, Génomes, Cellules. 152 pp.

Sevilla S. 1968. Coloquio europeo y mediterraneo sobre el control de la alimentacion de plantas cultivadas, ABC Sevilla, Pagina: 281-288.

Sevim A., Höfte M. Et Demirbağ Z. 2012. Genetic variability of *Beauveria bassiana* and *Metarhizium anisopliae* var. *anisopliae* isolates obtained from the Eastern Black Sea Region of Turkey. Turk J Biol 36: 255-265.

Shaw M. J. P. 1970. Effects of population density on alienicolae of *Aphis fabae* Scop Annals of Applied Biology 65 (2):205–212.

Silvie P., Delvare G., Aberlenc H. P. et Sognigbe B. 1993. Contribution à l'inventaire faunistique du cotonnier au Togo dans une optique de lutte intégrée. Coton Fibres Trop.vol. 48 fasc : 4- 321.

Simelane O. D., Steinkraus D. C. et Kring T. J. 2008. Predation rate and development of *Coccinella septempuncta* L. influenzed by *neozygites fresenii* infected cotton aphid prey. Biological control 44: 128-135.

Simon C., Frati F., Beckenbach, A., Crespi, B., Liu, H., Flook, P. 1994. Evolution, weighting and phylogenetic utility of mitochondrial gene sequences and a compilation of conserved polymerase chain reaction primers. Annals of Entomological Society of America, 876, 651-701.

Simon J. C., Hebert P. D. N. 1995. Patterns of genetic variation among Canadian populations of the bird cherry-oat aphid, *Rhopalosiphum padi* L. (Homoptera: Aphididae). Heredity 74: 346–353.

Simon J.C., Bauman S., Sunnucks P., Hebert P. D. N., Pierre J. S., Le Gallic J. F. et Dedryver C. A. 1999. Reproductive mod and population genetic structure of the cereal aphid *Sitobion avenae* studied using phenotypic and microsatellite markers. Mol. Ecol. 8: 531-545.

Smith C. F. et Cermeli M. M. 1979. Annotated list of Aphididae of the Caribbean islands and South & Central America. Tech Bull N C Agric Res Serv, 131pp.

Smith T. B. et Wayne R. K. 1996. Molecular genetic approaches in conservation. Oxford University Press, London.

Staden R., Beal K. F., et Bonfield J. K. 2000. Methods in molecular biology .Clifton. N.J. 132:115-130.

Starý P., Rakhshani E. et Talebi A. A. 2005. Parasitoids of aphid pests on conifers and their state as biocontrol agents in the Middle East to Central Asia on the world background (Hym., Braconidae, Aphidiinae; Hom., Aphididae). Egyptian Journal of Biological Pest Control 15(2): 147-151.

Stoetzel M. B. 1994. Aphids (Homoptera: Aphididae) of potential importance on *Citrus* in the United States with illustrated keys to species. Entomological Society of Washington 96, 74-90.

Stoetzel M. B. S et Miller G. 1998. Aphids (Homoptera: Aphididae) colonizing peach in the United States or with potential for introduction. *Florida Entomologist* 81 (3): 325-345.

Sutherland O.R.W. 1969. The role of crowding in the production of winged forms by two strains of the pea aphid, *Acyrthosiphon pisum*. Journal of Insect Physiology 15 (8): 1385–1410.

Sutherland O. R. W. et Mittler T. E. 1971. Influence of diet composition and crowding on wing production by the aphid *Myzus persicae*. Journal of Insect Physiology. 17 (2): 321–328.

Sylvester E. S. 1980. Circulative and propagative virus transmission by aphids. *Annual Review of Entomology* 25: 257-286.

Symondson W.O. C et Liddell J. E.1996. The ecology of agricultural pests: biochemical approaches. London, Chapman & Hall: 517 p.

Sword A. G., Joern A. et Senior L. B. 2005. Host plant-associated genetic differentiation in the

Snake weed grass hopper, *Hesperotettis viridis* (Orthoptera: Acrididae). Molecular Ecology 14: 2197-2205.

T

Tabuc C. 2007. Flore fongique de différents substrats et conditions optimales de production des mycotoxines. Thèse de doctorat, Spécialité: Pathologie, Mycologie, Génétique et Nutrition. Institut National Polytechnique de Toulouse et de l'Université de Bucarest. 166 p.

Talhouk A. S. 1977. Contribution to the knowledge of almond pests in East Mediterranean countries. VI. The sap sucking pest. Zeitschrift für Angewandte Entomologie 83: 248-25.

Tamura K., Dudley J., Nei M. et Kumar S. 2007. Molecular evolutionary genetics analysis (MEGA) software version 4.0. Molecular Biology and Evolution 24: 1596–1599.

Thi Thuy A. N., Dominique M. et Conrad C. 2007. Proteomic profiling of aphid Macrosiphum euphorbiae responses to host plant mediated stress induced by defoliation and water deficit. *Journal of insect physiology* 53: 601-611.

Thompson J. D., Gibson T. J. et Higgins D. G. 2002. Current protocols in bioinformatics / editoral board, Andreas D. Baxevanis ... [et al.], Chapter 2.

Thomas S., Boissot N., Mistral P., Chareyron V., Vanlerberghe F., Dogimont C. 2011. Combinaison gène majeur/QTL : Quel intérêt pour la résistance du melon à *Aphis gossypii*? Innovations Agronomiques 15: 45-54.

Thuillet A. C., Bru D., David J., Roumet P. et Santoni S. , 2002 .Direct estimation of mutation rate for 10 microsatellite loci in durum wheat, Triticum turgidum (L.) Thell. ssp durum desf. Mol. Biol. Evol. 19: 122–125.

Timmermans N. T. J. M., Ellers J., Mariën J., Verhoef C. S., Ferwerda B. E., Van Straalen M. N. 2005. Genetic structure in *Orchesella cincta* (Collembola): strong subdivision of European

populations inferred from mtDNA and AFLP markers. Molecular Ecology 14: 2017-2024.

Trigui A. 1984. Les principales maladies de l'amandier en Tunisie. GREMPA. Colloque 1983. Paris CIHEAM: 151-160.

Trigui A. et Chérif R. 1987. Le puceron brun *Pterochloroides persicae* (Cholodkovsky): Nouveau ravageur des arbres fruitiers en Tunisie. Vol 60, Note de recherche. INRA Tunisie.1: 12 p.

Trionnaire GL , Jaubert-Possamai S, Bonhomme J, Gauthier JP, Guernec G, Le Cam A, Legeai F, Monfort J, Tagu D 2012. Transcriptomic profiling of the reproductive mode switch in the pea aphid in response to natural autumnal photoperiod. Journal of Insect Physiology 58 (12): 1517–1524.

Tsinovskii Y. P. et Egina K.Y. 1972. The use of Entomophthora fungi in the control of aphids. In Tsinovskii Y.P. (ed). The pathology of insects and mites. Riga, Latvian SSR; Izdatel'stvo Zinate, 207 pp.

Tsitsipis J. A., katis N. I., Margaritopoulos J. T.,. Lykouressis D. P,. Avgelis A. D, Gargalianou I., Zarpas K. D., Perdikis D.Ch. et Papapanayotou A. 2007. A contribution to the aphid fauna of Greece. Bulletin of Insectology 60 (1): 31-38.

V

Van Alphen, J.J.M. et M.E. Visser. 1990. Superparasitism as an adaptive strategy for insect parasitoids. Annu. Rev. Entomol. 35: 59-79.

Van Driesche R. G. et Bellows Jr. T. S. 1996. Biological Control. Chapman and Hall, New York. 539 p.

Van Emden H.F. et Harrington R. 2007. Aphids as Crop Pests. CABI, Wallinford, ISBN: 0851998190: 768p.

Van Steenis M.J. 1995: Evaluation of four aphidiine parasitoids for biological control of Aphis gossypii. Entomol. Exp. Appl. 75: 151–157.

Varn M.W. 1987. The effects of aphids on the growth of young apple trees. PhD Dissertation, Virginia Polytechnic Institute and State University, 278 p.

Velmirovic V. 1976. The new damaging aphid *Pterochloroides (Pterochlorus) persicae* Cholodk. (Hom. Aphididae), on peach trees in Yugoslavia. *Zastita Bilja* **27**(1), No. 135: 29-35.

Verheggen F., Diez L., Detrain C. et Haubruge E. 2009. Aphid-ant mutualism: an outdoor study of the benefits for *Aphis fabae* colonies. Biotechnologie, Agronomie, Société et Environnement 13: 235–242.

Viard F., Franck P., Dubois M. P., Estoup A. et Jarne P. 1998. Variation of microsatellite size homoplasy across electromorphs, loci, and populations in three invertebrate species. J. Mol. Evol 47: 42–51.

Visser M. E., Luyckx B., Nell H.W. E. et Boskamp G. J. F. 1992. Adaptive superparasitism in solitary parasitoids: marking of parasitized hosts in relation to the pay-off from superparasitism. Ecological Entomology 17: 76-82.

Von Dohlen C. D et Moran N. A. 2000. Molecular data support a rapid radiation of aphids in the cretacieous and multiples origins of host alternation. Biological journal of the Linnean Society 71, 689-717.

Vučetić A., Petrović-Obradović O. et Stanisavljević L. Ž. 2010. The morphological variation of Myzus Persicae (Hemiptera: Aphididae) from peach and tobacco in Serbia and Montenegro. Arch. Biol. Sci. Belgrade 62 (3): 767-774.

W

Wahlberg N., Brower A. V. Z. et Nylin S. 2005. Phylogenetic relationships and historical biogeography of tribes and genera in the subfamily Nymphalinae (Lepidoptera: Nymphalidae). Biological Journal of the Linnean Society, 86: 227-251.

Ware G. W. et Whitacre D. M. 2004. The pesticide book. 6 th ed. MesterPro Info. Resources, Willoughby, Ohio.

Walters K. F. A. et Dewar A. M. l986. Overwintering strategy and the timing of the spring migration of the cereal aphids, Sitobion avenae and S. fragariae. Journal of Applied Ecology 23: 905-915.

Watt A. D. et Dixon A. F. G. 1981. The role of cereal growth stages and crowding in the induction of alatae in *Sitobion avenae* and its consequences for population growth. Ecological Entomology Volume 6, Issue 4: 441–447.

Welling P.W. et Dixon A.F.G. 1987. The role of weather and natural enemies in determining aphid outbreaks .P.W. Price (Ed.), Insect Outbreak, Academic Press Inc, New York: 313–346.

Wharton T., Cooper P. et Floyd R. 2004. Life stages of Essigella californica (Aphidoidea: Lachnidae: Cinarinae). Annals of the Entomolological Society of America 97: 697-700.

Whittaker J. B. et Tribe N. P. 1998. Predicting numbers of an insect (Neophilaenus lineatus: Homoptera) in a changing climate. Journal of Animal Ecology 67:987–991.

White A.J., Wratten S.D., Weigman U. et Berry N.A. 1995. Habitat manipulation to enhance biological control of Brassica pests by hoverflies (Diptera: Syrphidae). Journal of Economic Entomology 88: 1171-1176.

Wiegmann B. M., Mitter C., Regier J. C., Friedlander T. P., Wagner D. M. et Nielsen E. S 2000. Nuclear genes resolve Mesozoic-aged divergences in the insect order Lepidoptera. Molecular Phylogenetics and Evolution 15: 242-259.

Wilson H. F. et Vickery R. A. 1918. A species list of the Aphididae of the World and their recorded food plants. Wisconsin Academy of sciences, arts, and letters. 360 pp.

Wilson C., et Tisdell C. 2001. Why farmers continue to use pesticides despite environmental, health and sustainability costs. Ecol. Econ 39: 449–462.

Winler K., Warkers F. L., Stingli A. E. T. et van Lenteren J. C. 2005. *Plutella xylostella* (diamondback moth) and its parasitoid *Diadegma semiclausum* show different gustatory and longevity responses to a range of nectar and honeydew sugars. Entomologia Experimentalis et Applicata 15: 178-192.

Vinson S. B.et Iwantsh G. F. 1980. Host suitability of insect parasitoids. Annu. Rev. Entomol. 25:397-419.

Wojciechowski W. 1992. Studies on the Systematic System of Aphids (Homoptera, Aphidinea),Uniw. Slaski, Katowice.

Wyss E. 1995. The effects of weed strips on aphids and aphidophagous predators in apple orchard. Entomol. Exp. Appl.75: 43-49.

Wyss E. et Daniel C. 2004. Effects of autumn kaolin and pyrethrin treatments on the spring population of *Dysaphis plantaginea* in apple orchards. Journal of Applied Entomology 128:147–149.

Z

Zarpas K. D., Perdikis D. C. et Papapanayotou A. 2007. A contribution to the aphid fauna of Greece. Bulletin of Insectology. 60(1): 31-38.

Zamani A. A., Talebi A. A., Fathipour Y. et Baniameri V.2006. Effect of temperature on biology of *Aphis gossypii* Glover (Hemip, Aphididae) on greenhouse of cucumber. *Journal of Applied Entomology* **130 (8)**: 453-460.

Zhang D. X et Hewitt F. M. 1997. Insect mitochondrial control region: a review of its structure, evolution and usefulness in evolutionary studies. Biochem. Syst. Ecol. 25: 99-120.

Zhou. D. Y. et Zhong C. X. 1993. Influence of different aphid prey on the development of metasyrphus corollae [dip.: syrphidae]. Chinese Journal of Biological Control. Abstract

Zhou X., Perry J. N., Woiwod I. P., Harrington R., Bale J. S. et Clark S. J. 1997. Temperature change and complex dynamics. Oecologia 112:543–550.

Zraket C. A., Barth J. L., Heckel D.G. et Abbott A. G. 1990. Genetic linkage mapping with restriction fragment length polymorphisms in the tobacco budworm, *Heliothis virescens*. In Hagedorn, H.H., Hildebrand J. G. and Kidwell M.G. (Eds). Molecular insect science. New York, Plenum Press: 13-20.

ANNEXES

Tableau 6 : Morphométrie des différents stades du développement de *P. persicae*

Critères de différenciation		L1 (n=10)	L2 (n=10)	L3 (n=10)	L4 (n=10)	Nymphe 3 (n=10)	Nymphe 4 (n=4)	Adulte Aptère (n=30)	Adulte ailé (n=30)
Couleur du corps		jaune à brune	Jaune à brune	Brune	Brune	Brune	Brune	Brune	Brune
Mesures (mm)									
Largeur du corps :	Min-Max	1,113-1,384	1,26-1,427	2,14-2,391	2,47-2,743	1,52-1,862	1,58-1,83	2,69-2,934	1,673-1,893
	Moyenne	1,25±0,2	1,33±0,01	2,23±0,024	2,61±0,025	1,68±0,042	1,71±0,06	2,74±0,014	1,74±0,018
Longueur	Min-Max	1,96-2,31	2,58-2,97	2,65-3,14	3,71-4,17	3,29-3,63	3,34-3,86	3,84-4,13	3,67-4,12
	Moyenne	2,12±0,012	2,74±0,025	3,03±0,03	4,086±0,05	3,48±0,021	3,56±0,25	4,085±0,02	3,905±0,041
Antenne totale :	Min-Max	0,453-0,794	0,736-0,913	0,994-1,225	1,346-1,559	1,368-1,534	1,436-1,618	1,645-1,79	1,438-1,643
	Moyenne	0,644±0,008	0,819±0,016	1,102±0,051	1,471±0,024	1,465±0,01	1,508±0,04	1,659±0,03	1,537±0,01
Ant.I :	Min-Max	0,051-0,068	0,066-0,096	0,098-0,123	0,116-0,124	0,126-0,138	0,132-0,141	0,123-0,148	0,111-0,148
	Moyenne	0,058±0,006	0,083±0,019	0,110±0,008	0,120±0,002	0,132±0,005	0,137±0,003	0,136±0,010	0,130±0,019
Ant.II	Min-Max	0,066-0,088	0,074-0,096	0,089-0,111	0,123-0,135	0,119-0,128	0,116-0,136	0,123-0,185	0,123-0,148
	Moyenne	0,075±0,007	0,08±0,008	0,099±0,007	0,129±0,004	0,123±0,002	0,129±0,006	0,145±0,016	0,130±0,008
Ant.III	Min-Max	0,22-0,31	0,311-0,346	0,312-0,380	0,511-0,579	0,416-0,432	0,424-0,436	0,579-0,641	0,555-0,592
	Moyenne	0,226±0,034	0,322±0,014	0,336±0,023	0,552±0,025	0,422±0,005	0,43±0,05	0,613±0,02	0,575±0,121
Ant.IV	Min-Max	0,116-0,132	0,148-0,162	0,122-0,162	0,195-0,219	0,172-0,178	0,168-0,183	0,234-0,283	0,271-0,296
	Moyenne	0,125±0,006	0,153±0,005	0,141±0,011	0,213±0,01	0,173±0,002	0,175±0,006	0,264±0,014	0,280±0,009
Ant.V	Min-Max	0,116-0,196	0,137-0,213	0,188-0,212	0,234-0,274	0,136-0,148	0,132-0,152	0,283-0,296	0,197-0,222
	Moyenne	0,160±0,028	0,181±0,011	0,209±0,015	0,256±0,014	0,143±0,006	0,144±0,08	0,290±0,006	0,206±0,007
Ant.VI	Min-Max		-	0,185-0,237	0,167-0,228	0,137-0,206	0,146-0,219	0,196-0,237	0,181-0,224
	Moyenne			0,197±0,013	0,201±0,01	0,172±0,008	0,196±0,034	0,211±0,006	0,206±0,006
Base	Min-Max	0,084-0,132	0,098-0,134	0,116-0,146	0,116-0,144	0,098-0,123	0,086-0,134	0,148-0,164	0,122-0,149
	Moyenne	0,109±0,019	0,119±0,012	0,128±0,016	0,132±0,001	0,110±0,008	0,117±0,01	0,153±0,008	0,141±0,008
Fouet	Min-Max	0,032-0,064	0,049-0,079	0,069-0,091	0,051-0,084	0,058-0,083	0,054-0,092	0,048-0,073	0,059-0,075
	Moyenne	0,051±0,009	0,062±0,010	0,069±0,007	0,069±0,01	0,070±0,008	0,07±0,023	0,058±0,008	0,065±0,006
Cauda	Min-Max	0,075-0,103	0,132-0,144	0,142-0,158	0,158-0,174	0,132-0,146	0,128-0,154	0,152-0,186	0,128-0,156
	Moyenne	0,088±0,002	0,136±0,011	0,151±0,026	0,166±0,002	0,138±0,011	0,144±0,010	0,172±0,026	0,143±0,022
Cornicule	Min-Max	0,071-0,092	0,083-0,096	0,136-0,148	0,132-0,152	0,126-0,138	0,121-0,143	0,137-0,156	0,128-0,143
	Moyenne	0,087±0,002	0,091±0,002	0,141±0,006	0,144±0,01	0,132±0,018	0,133±0,009	0,148±0,12	0,134±0,034
Fémur	Min-Max	0,508-0,536	0,546-0,568	0,562-0,602	0,586-0,634	0,552-0,584	0,568-0,593	0,593-0,642	0,561-0,587
	Moyenne								

		0,522±0,002	0,544±0,06	0,588±0,016	0,612±0,015	0,573±0,02	0,57±0,01	0,617±0,026	0,576±0,002
Tibia :	Min-Max	1,16-1,34	1,48-1,68	1,63-1,84	1,51-1,96	1,56-1,98	1,61-1,87	1,72-1,98	1,63-1,98
	Moyenne	1,21±0,03	1,62±0,011	1,73±0,04	1,87±0,011	1,84±0,01	1,91±0,007	1,91±0,014	1,84±0,014
Sensoria									
Sens sec. Ant. III:	Min-Max	-	-	-	-	-	-	1-11	7-13
	Moyenne							3,56±2,92	12,34±2,21
Sens sec. Ant. IV :	Min-Max	-	-	-	-	-	-	0-5	2-6
	Moyenne							2,98±0,85	4,22±0,66
Soies caudales									
Soie caudale :	Min-Max	4-9	5-11	8-13	12-16	9-13	11-14	9-18	7-19
	Moyenne	7,46±1,24	8,2±1,62	11,48±2,34	14,2±1,78	11,62±1,2	12,75±1,25	16±2,18	13,8±2,19
Rapport (Fois)									
Antenne totale/Corps		0,30	0,29	0,36	0,36	0,33	0,36	0,40	0,38
Base/ Fouet		2,13	1,19	1,85	1,91	1,57	1,67	2,63	2,38
Cornicule/corps		0,041	0,033	0,046	0,035	0,037	0,03	0,036	0,034
Cornicule/cauda		0,98	0,66	0,93	0,86	0,95	0,92	0,86	0,93
cornicule/ fémur		0,16	0,16	0,23	0,23	0,23	0,23	0,23	0,23
Cauda/corps		0,044	0,049	0,049	0,040	0,039	0,04	0,042	0,036
Sens. Ant.III/ Ant.IV		-	-	-	-	-	-	1,19	2,92

Ant. I: 1er article de l'antenne, Ant.II: 2ème article, Ant.III. 3ème article, Ant.IV: 4ème article   Ant.V : 5ème article, Ant. VI : 6ème article, Sen. Ant.III : sensoria du 3ème article, Sen Ant. IV: Sensoria du 4ème article, Moy : Moyenne, Min : Minimum, Max : Maximum

Tableau 7 : Paramètres de la morphométrie de *P. persicae* sur différentes plantes hôtes

Critères de différenciation		Aptère			Ailé		
		Pêcher (n=30)	Amandier (n=30)	Prunier (n=30)	Pêcher (n=30)	Amandier (n=30)	Prunier (n=30)
Couleur		brune	brune	brune	brune	brune	brune
			Mesures (mm)				
Longueur :	Moy	4,89±0,27[a]	4,44±0,36[b]	4,58±0,011[b]	4,32±0,054[a]	4,73±0,014[b]	4,69±0,026[b]
	Min-Max	4,448-6,024	4,984-5,784	4,248-4,984	4,946-4,654	4,486-5,024	4,486-5,124
Largeur :	Moy	2,74±0,014[a]	2,63±0,52[b]	2,67±0,14[a]	1,74±0,018	1,70±0,02	1,68±0,16
	Min-Max	2,64-2,83	2,56-2,74	2,64-2,94	1,72-1,83	1,64-1,76	1,64-1,74
Antenne totale	Moy	1,66±0,023	1,67±0,046	1,63±0,019	1,66±0,013	1,68±0,029	1,64±0,016
	Min-Max	1,564-1,726	1,642-1,684	1,598-1,656	1,648-1,678	1,654-1,704	1,612-1,654
Ant I	Moy	0,136±0,034	0,134±0,011	0,133±0,014	0,129±0,022	0,134±0,021	0,128±0,04
	Min-Max	0,123-0,148	0,111-0,148	0,123-0,148	0,111-0,148	0,111-0,148	0,111-0,148
Ant II	Moy	0,145±0,01	0,144±0,009	0,145±0,01	0,146±0,008	0,142±0,017	0,136±0,008
	Min-Max	0,123-0,185	0,111-0,148	0,116-0,148	0,123-0,148	0,111-0,148	0,123-0,148
Ant III	Moy	0,613±0,02	0,617±0,019	0,618±0,019	0,616±0,03	0,622±0,013	0,621±0,006
	Min-Max	0,579-0,629	0,543-0,629	0,530-0,654	0,555-0,624	0,542-0,654	0,592-0,655
Ant IV	Moy	0,264±0,014	0,265±0,008	0,260±0,01	0,259±0,022	0,261±0,03	0,257±0,004
	Min-Max	0,243-0,296	0,259-0,271	0,234-0,308	0,234-0,289	0,234-0,283	0,248-0,289
Ant V	Moy	0,290±0,006	0,264±0,012	0,279±0,03	0,333±0,04	0,332±0,014	0,333±0,09
	Min-Max	2,83-0,296	0,234-0,296	0,234-0,333	0,320-0,345	0,320-0,345	0,315-0,345
Ant VI	Moy	0,214±0,018	0,219±0,017	0,204±0,03	0,197±0,012	0,199±0,022	0,203±0,011
	Min-Max	0,209-0,222	0,209-0,222	0,197-0,234	0,197-0,222	0,172-0,209	0,197-0,222
Base	Moy	0,153±0,008	0,149±0,013	0,157±0,013	0,151±0,006	0,154±0,01	0,152±0,011
	Min-Max	0,148-0,156	0,144-0,153	0,153-0,162	0,148-0,156	0,148-0,164	0,148-0,158
Fouet	Moy	0,058±0,008	0,063±0,013	0,053±0,011	0,054±0,002	0,056±0,011	0,052±0,02
	Min-Max	0,054-0,062	0,058-0,068	0,048-0,056	0,048-0,062	0,048-0,062	0,044-0,058
Cauda	Moy	0,172±0,026	0,174±0,022	0,178±0,024	0,143±0,022	0,147±0,01	0,138±0,004
	Min-Max	0,168-0,176	0,164-0,182	0,164-0,193	0,136-0,154	0,144-0,154	0,128-0,148
Cornicule	Moy	0,148±0,12	0,151±0,03	0,142±0,034	0,134±0,034	0,139±0,14	0,136±0,32
	Min-Max	0,136-0,154	0,148-0,156	0,136-0,148	0,128-0,148	0,136-0,144	0,126-0,144
Fémur	Moy	0,74±0,02	0,68±0,02	0,82±0,016	0,64±0,01	0,72±0,008	0,61±0,011
	Min-Max	0,726-0,754	0,678-0,692	0,814-0,836	0,636-0,654	0,714-0,734	0,598-0,624
Tibia	Moy	2,066±0,03	1,96±0,01	1,91±0,02	1,68±0,02	1,83±0,01	1,72±0,03
	Min-Max	1,984-2,098	1,865-2,036	1,864-2,016	1,648-1,864	1,742-1,864	1,684-1,748

		Nombre de soie					
Ant. I	Moy	3,62±1,59	4,75±1,48	3,9±0,56	4,2±1,68	3,68±0,78	4,5±0,56
	Min-Max	3-5	2-6	3-5	1-5	2-5	3-6
Ant. II	Moy	4,5±1,19	5,75±1,75	4,8±1,2	5,2±0,48	4,6±0,88	5,3±0,38
	Min-Max	2-7	1-8	3-8	3-9	2-6	3-7
Ant. III	Moy	17,75±2,81	13,5±5,85	16,2±0,66	15,37±1,59	14,25±1,28	16,4±0,49
	Min-Max	12-21	7-18	14-23	11-22	13-17	12-18
Ant. IV	Moy	9,45±1,59	11,4±0,60	10,33±0,42	8,5±1,9	9,66±1,34	10,45±0,67
	Min-Max	5-14	8-14	6-13	6-11	4-15	8-14
Ant. V	Moy	8,37±2,19	7,26±0,47	8,47±0,34	7,12±2,47	8,65±1,43	9,24±1,16
	Min-Max	8-14	5-11	6-10	4-12	6-13	6-14
Ant. VI	Moy	3,87±1,64	4,37±0,92	3,69±0,85	4,5±1,60	3,44±0,54	4,11±1,15
	Min-Max	2-7	1-5	3-8	3-9	2-6	3-8
Cauda	Moy	16±2,18	14,6±1,23	15,11±2,33	13,8±2,19	12,89±1,36	14,6±2,14
	Min-Max	9-18	12-17	9-20	7-19	11-15	12-19
		Sensoria					
Ant. III	Moy	3,56±2,92	3,56±2,90	3,74±1,23	12,34±2,21	13,56±1,48	12,67±0,44
	Min-Max	1-11	0-4	1-4	7-13	12-15	11-14
Ant. IV	Moy	2,98±0,85	2,93±0,68	3,21±0,33	4,22±0,66	3,68±1,23	3,89±1,24
	Min-Max	2-4	0-5	0-5	2-7	3-5	2-6
		Rapport (fois)					
Antenne totale/Corps		0,24	0,26	0,24	0,26	0,29	0,28
Base/ Fouet		2,63	2,36	2,96	2,79	2,75	2,92
Cor/cule/corps		0,028	0,030	0,028	0,031	0,032	0,033
Corcicule/cauda		0,86	0,86	0,79	0,91	0,93	0,96
Corcicule/Fémur		0,26	0,28	0,23	0,30	0,25	0,31
Cauda/Corps		0,015	0,017	0,016	0,016	0,019	0,018
Sen. Ant III/ Ant IV		1,19	1,21	1,16	2,92	3,68	3,25

Ant. I: 1er article de l'antenne, Ant.II: 2ème article, Ant.III: 3ème article, Ant.IV : 4ème article   Ant.V : 5ème article, Ant.VI : 6ème article, Sen. Ant.III : sensoria du 3ème article, Sen Ant. IV: Sensoria du 4ème article, Moy : Moyenne, Min : Minimum, Max : Maximum

Les moyennes indiquées par des lettres différentes sont significativement différentes selon le test Duncan, P≤0.05

Tableau 8: Paramètres de la morphométrie de *P. persicae* sur différentes partie du pêcher

Caractères		Aptère		
		Racine (n=15)	Tige (n=15)	Branche (n=15)
Couleur		brune	brune	brune
Mesures (mm)				
Longueur :	Moy	4,93±0,24	4,84 ±0,16	4,89±0,01
	Min- Max	4,78-5,12	4,542-5,104	4,448-5,024
Largeur	Moy	2 ,93±0,018	2,86±0,34	2 ,89±0,018
	Min- Max	2,74-3,06	2,68-2,97	2,44-2,88
Antenne totale	Moy	1,64±0,038	1,68±0 ,026	1,66±0,012
	Min- Max	1,544-1,706	1,598-1,726	1,584-1,706
Ant. I	Moy	0,134±0,022	0,132±0,034	0,134±0,04
	Min- Max	0,123-0,148	0,123-0,148	0,123-0,148
Ant. II	Moy	0,144±0,01	0,146±0,01	0,142±0,008
	Min- Max	0,123 -0,148	0,123-0,148	0,123 -0,164
Ant.III	Moy	0,614±0,016	0,613±0,02	0,611±0,034
	Min- Max	0,569-0,626	0,583-0,634	0,579-0,629
Ant. IV	Moy	0,262±0,02	0,264±0,014	0,266±0,019
	Min- Max	0,244-0,296	0,248-0,283	0,248-0,296
Ant. V	Moy	0,284±0,012	0,289±0,019	0,286±0,013
	Min- Max	2,83-0,304	0,264-0,296	0,264-0,296
Ant.VI	Moy	0,212±0,02	0,208±0,01	0,212±0,014
	Min- Max	0,197-0,222	0,197-0,234	0,209-0,222
Base	Moy	0,156±0,024	0,152±0,01	0,154±0,018
	Min- Max	0,148-0,162	0,148-0,168	0,148-0,162
Fouet	Moy	0,053±0,01	0,056±0,024	0,054±0,016
	Min- Max	0,048-0,062	0,048-0,068	0,048-0,062
Cauda	Moy	0,174±0,034	0,172±0,012	0,176±0,02
	Min- Max	0,172-0,178	0,164-0,178	0,172-0,183
Cornicule	Moy	0,152±0,12	0,153±0,03	0,156±0,28
	Min- Max	0,144-0,154	0,144-0,156	0,148-0,158
Fémur	Moy	0,76±0,01	0,73±0,018	0,74±0,034
	Min- Max	0,746-0,784	0,693-0,754	0,698-0,768
Tibia	Moy	1,964±0,028	1,958±0,008	1,968±0,014
	Min- Max	1,936-2,064	1,928-1,984	1,944-1,992
Nombre de soies				
Ant .I	Moy	3,73±0,79	4,16.±1,16	3,66±0,81
	Min- Max	3-5	3-6	3-5
Ant.II	Moy	4,66±1,39	4,26±1,83	4±1,48
	Min- Max	2-7	1-7	3-8
Ant.III	Moy	17,06±2,97	17,26±3,57	16,06±3,65
	Min- Max	12-21	11-22	8-21
Ant.IV	Moy	9,93±2,81	11,73±2,93	9,66±3,57
	Min- Max	4-12	7-16	3-16
Ant.V	Moy	10,93±1,86	10,73±2,84	11,2±2,07
	Min- Max	9-14	8-14	7-14
Ant.VI	Moy	4,8±1,85	4,66±1,75	4,93±1,53
	Min- Max	2-7	3-7	3-7
Cauda	Moy	15,2±2,56	15,53±2,32	16,2±2,11
	Min- Max	8-18	10-18	13-20
Nombre de sensoria				
Ant.III	Moy	4,33±2,16	4,13±2,13	4,26±1,48
	Min- Max	1-8	2-9	2-7

Ant .IV Moy Min- Max	2,93±1,33 0-5	2,86±1,33 1-5	2,8±0,94 2-5
Rapport (Fois)			
Antenne totale/Corps	0,23	0,24	0,24
Base/ Fouet	2,94	2,36	2,63
Cornicule/corps	0,021	0,030	0,028
Cornicule/cauda	0,87	0,88	0,88
Cornicule/Fémur	0,2	0,2	0,21
Cauda/Corps	0,016	0,015	0,016
Sen. Ant.III/ Sen Ant. IV	1,43	1,44	1,52

Ant. I: 1er article de l'antenne, Ant.II: 2ème article,   Ant.III: 3ème article, Ant.IV : 4ème article   Ant.V : 5ème article, Ant.VI : 6ème article, Sen. Ant.III : sensoria du 3ème article, Sen Ant. IV: Sensoria du 4ème article, Moy : Moyenne, Min : Minimum, Max : Maximum

Tableau 9 : Morphométrie de *P. persicae* aptère collectés de différents pays

		Adulte aptère						
Biotope		Tun. (n=15)	Iran 1 (n=15)	Iran 2 (n=15)	Es.1 (n=15)	Es.2 (n=15)	Serb. (n=15)	Ita. (n=15)
Couleur		Brun	Brun	Brun	Brun	brun	Brun	Brun
		Mesures (mm)						
Largeur	Mm-Max	2.67-2.88	2.44-2.98	2.43-2.98	2.43-2.98	2.68-2.98	2.68-2.74	2.43-2.98
	Moy	2.74±0.014[a]	2.72±0.19[a]	2.69±0.23[a]	2.69±0.20[a]	2.87±0.176[a]	2.71±0.04[a]	2.60±0.22[b]
Longueur	Mm-Max	4.119-4.145	4.045-4.709	4.33-5.80	4.04-5.908	4.22-4.90	3.48-5.89	3.48-5.81
	Moy	4.085±0.02[a]	4.59±0.55[b]	4.61±0.08[b]	4.68±0.04[b]	4.76±0.53[b]	4.57±0.92[b]	4.74±0.40[b]
Antenne	Mm-Max	1.60-1.691	1.614-1.722	1.534-1.624	1.548-1.634	1.612-1.656	1.546-1.578	1.652-1.694
	Moy	1.654±0.14	1.682±0.2	1.592±0.14	1.612±0.02	1.634±0.04	1.563±0.10	1.628-1.694
Ant I	Mm-Max	0.112-0.146	0.126-0.183	0.136-0.167	0.152-0.178	0.165-0.184	0.112-0.153	0.128-0.162
	Moy	0.136±0.034	0.166±0.034	0.142±0.016	0.163±0.034	0.167±0.032	0.126±0.005	0.133±0.015
Ant II	Mm-Max	0.136-0.158	0.149-0.173	0.136-0.148	0.127-1.74	0.142-0.154	0.135-0.148	0.136-0.146
	Moy	0.145±0.01	0.161±0.043	0.144±0.013	0.155±0.016	0.147±0.01	0.141±0.01	0.141±0.012
Ant III	Mm-Max	0.593-0.634	0.562-0.613	0.546-0.586	0.564-0.614	0.538-0.584	0.476-0.523	0.579-0.637
	Moy	0.613±0.02	0.590±0.067	0.560±0.088	0.595±0.06	0.563±0.06	0.496±0.039	0.610±0.023
Ant IV	Mm-Max	0.242-0.273	0.264-0.296	0.268-0.292	0.298-0.369	0.302-0.334	0.221-0.259	0.291-0.336
	Moy	0.264±0.014	0.283±0.046	0.272±0.041	0.339±0.06	0.317±0.01	0.246±0.08	0.303±0.04
Ant V	Mm-Max	0.234-0.296	0.248-0.276	0.238-0.284	0.217-0.254	0.236-0.258	0.271-0.302	0.257-0.284
	Moy	0.264±0.006	0.265±0.067	0.257±0.027	0.233±0.035	0.245±0.01	0.283±0.015	0.268±0.02
Ant VI	Mm-Max	0.186-0.203	0.193-0.216	0.186-0.208	0.191-0.204	0.184-0.218	0.193-0.209	0.184-0.198
	Moy	0.198±0.01	0.201±0.01	0.194±0.02	0.195±0.01	0.198±0.08	0.196±0.02	0.193±0.01
Base	Mm-Max	0.146-0.162	0.108-0.127	0.116-0.134	0.119-0.136	0.108-0.134	0.123-0.138	0.114-0.126
	Moy	0.153±0.008	0.113±0.018	0.124±0.003	0.121±0.014	0.124±0.015	0.128±0.015	0.119±0.002
Fouet	Mm-Max	0.045-0.063	0.076-0.092	0.067-0.085	0.072-0.083	0.072-0.087	0.062-0.074	0.072-0.086
	Moy	0.058±0.008	0.088±0.018	0.073±0.002	0.076±0.07	0.076±0.06	0.069±0.04	0.076±0.01
Cauda	Mm-Max	0.162-0.184	0.174-0.196	0.158-0.174	0.169-0.184	0.164-0.172	0.159-0.182	0.164-0.194
	Moy	0.174±0.01	0.183±0.024	0.169±0.11	0.173±0.002	0.167±0.003	0.172±0.024	0.178±0.02
Cornicule	Mm-Max	0.126-0.159	0.148-0.159	0.138-0.162	0.146-0.154	0.134-0.146	0.137-0.148	0.148-0.159
	Moy	0.148±0.01	0.152±0.03	0.146±0.026	0.149±0.02	0.138±0.015	0.142±0.003	0.154±0.01

Fémur	Min-Max	0.82±0.02	0.79±0.04	0.71±0.003	0.86±0.012	0.74±0.01	0.83±0.01	0.76±0.04
	Moy	0.789-0.856	0.763-0.812	0.687-0.728	0.834-0.896	0.712-0.768	0.814-0.846	0.736-0.784
Tibia	Min-Max	1.91±0.01	1.86±0.03	1.89±0.02	1.74±0.01	2.01±0.03	1.98±0.02	1.84±0.02
	Moy	1.867-2.042	1.842-2.024	1.863-1.954	1.734-1.758	1.984-2.123	1.923-2.016	1.836-1.854
Nombre de soie								
Ant I	Min-Max	4.12±1.14	3.62±1.59	4±1.76	3.64±1.14	3.88±1.8	4±0.75	3.63±0.88
	Moy	3-6	1-6	1-7	1-5	1-6	3-5	2-5
Ant II	Min-Max	6.12±1.45	4.5±1.19	5.12±1.59	4.81±1.33	4.88±1.36	5.5±1.06	4.63±1.29
	Moy	3-8	3-7	3-8	3-7	3-7	4-7	3-6
Ant III	Min-Max	20.93±2.04	17.75±2.81	14.8±2.8	14.36±2.93	14.22±2.94	14.37±2.55	12.72±4.32
	Moy	18-24	13-21	11-19	11-20	11-19	11-18	7-24
Ant IV	Min-Max	9.31±3.07	9.37±1.59	9.11±1.1	10.18±1.94	10.33±3.1	10.62±1.76	10.18±3.15
	Moy	5-13	8-12	8-11	7-13	4-15	9-14	7-17
Ant V	Min-Max	9.5±2.5	8.37±2.19	7.1±1.59	7.45±2.90	8.33±3.1	7.25±2.05	5.90±2.35
	Moy	5-14	8-12	12-14	3-13	4-15	3-9	3-9
Ant VI	Min-Max	5±1.15	3.87±1.64	4.6±1.50	3.81±1.52	4.22±1.48	3.7±0.88	3.63±1.14
	Moy	3-7	2-7	3-6	2-7	2-7	2-5	2-6
Cauda	Min-Max	15±5.08	16±2.18	14.4±2.12	15.3±3.12	13.22±4.05	15.12±3.31	15.3±3.12
	Moy	12-20	13-21	9-17	7-20	6-19	11-18	8-17
Nombre de sensoria								
Ant III	Min-Max	3.56±2.90	3.37±3.29	3.12±0.78	4.27±2.25	3.11±1.66	3.48±2.64	3.25±0.88
	Moy	0.4	2-11	2-4	2-11	2.9	1-8	2-5
Ant IV	Min-Max	2.93±0.68	2.67±0.88	3.3±0.67	3.18±1.02	3.18±1.02	2.72±1.26	3.37±0.74
	Moy	0-5	2-5	2-4	2-5	2-5	2-4	2-4
Rapport (Fois)								
Ant./Corps		0.40	0.36	0.34	0.34	0.34	0.27	0.26
Base Fo		2.63	1.28	1.69	1.59	1.58	1.85	1.56
Corn/corps		0.036	0.033	0.031	0.031	0.030	0.024	0.024
corn/cauda		0.85	0.83	0.86	0.86	0.82	0.82	0.86
corn/Fémur		0.18	0.19	0.20	0.17	0.18	0.17	0.20
Cauda/corps		0.042	0.059	0.036	0.036	0.035	0.030	0.028
Sens. Ant III /Ant.IV		1.19	1.26	0.94	1.34	0.97	1.72	0.96

Ant. I : 1er article de l'antenne, Ant.II : 2ème article, Ant.III: 3ème article, Ant.IV : 4ème article   Ant V : 5ème article, Ant VI : 6ème article,

Sen. Ant.III : sensoria du 3ème article, Sen Ant. IV : Sensoria du 4ème article, Moy : Moyenne, Min : Minimum, Max : Maximum

Les moyennes indiquées par des lettres différentes sont significativement différentes selon le test Duncan, P≤0.05

Tableau 10 : Morphométrie de *P. persicae* ailé collectés de différents pays

Biotope		Tun. (n=15)	Iran.1 (n=10)	Iran.2 (n=12)	Es.1 (n=10)
					Adulte ailé
Couleur		Brune	Brune	Brune	Brune
		Mesures (mm)			
Largeur :	Moy	1,74±0,018	1,70±0,04	1,70±0,025	1,70±0,25
	Min- Max	1,71-1,77	1,61-1,75	1,61-1,79	1,67-1,74
Longueur	Moy	3,87-3,95	3,41-5,78	3,41-5,43	3,84-5,78
	Min-Max	3,90±0,041	4,02±0,63	3,95±0,055	4,27±0,84
Antenne	Moy	1,654±0,03	1,543±0,08	1,592±0,05	1,521±0,02
	Min-Max	1,612-1,722	1,532-1,613	1,524-1,632	1,432-1,611
Ant .I	Moy	0,130±0,01	0,132±0,009	0,131±0,016	0,127±0,006
	Min-Max	0,126-0,137	0,128-0,138	0,126-0,134	0,126-0,129
Ant.II	Moy	0,130±0,008	0,137±0,008	0,141±0,008	0,140±0,007
	Min-Max	0,128-0,134	0,134-0,142	0,136-0,146	0,138-0,144
Ant.III	Moy	0,575±0,012	0,526±0,012	0,525±0,01	0,523±0,009
	Min-Max	0,564-0,583	0,514-0,534	0,522-0,534	0,516-0,528
Ant.IV	Moy	0,280±0,009	0,247±0,014	0,254±0,018	0,253±0,014
	Min-Max	0,274-0,284	0,236-0,254	0,248-0,267	0,248-0,262
Ant.V	Moy	0,333±0,01	0,304±0,01	0,303±0,012	0,295±0,01
	Min-Max	0,324-0,338	0,296-0,314	0,296-0,314	0,286-0,298
Ant.VI	Moy	0,204±0,014	0,198±0,03	0,196±0,01	0,183±0,04
	Min-Max	0,196-0,216	0,186-0,204	0,186-0,214	0,178-0,196
Base	Moy	0,141±0,08	0,122±0,01	0,116±0,015	0,114±0,08
	Min-Max	0,138-0,146	0,116-0,134	0,108-0,122	0,108-0,126
Fouet	Moy	0,065±0,06	0,079±0,014	0,077±0,02	0,069±0,015
	Min-Max	0,058-0,079	0,068-0,086	0,074-0,086	0,058-0,079
Cauda	Moy	0,168±0,01	0,173±0,014	0,163±0,02	0,176±0,012
	Min-Max	0,162-0,174	0,168-0,179	0,159-0,174	0,168-0,184
Cornicule	Moy	0,134±0,02	0,129±0,01	0,138±0,02	0,126±0,013
	Min-Max	0,126-0,138	0,122-0,134	0,136-0,144	0,116-0,134
Fémur	Moy	0,64±0,01	0,67±0,02	0,71±0,012	0,74±0,02
	Min-Max	0,632-0,654	0,658-0,683	0,702-0,726	0,734-0,748
Tibia	Moy	1,68±0,02	1,72±0,016	1,76±0,01	1,63±0,01
	Min-Max	1,664-1,696	1,712-1,734	1,756-1,774	1,626 -1,648
		Nombre de soies			
Ant .I	Moy	3,16±0,75	3,2±0,68	4,12±0,24	4,36±0,75
	Min-Max	2-4	2-5	3-7	3-6
Ant.II	Moy	5,1±0,98	6,4±0,66	4,34±0,22	4,8±0,43
	Min-Max	4-6	2-8	3-7	3-7
Ant.III	Moy	17,16±1,6	14,22±1,2	13,46±1,8	14,8±0,45
	Min-Max	15-18	11-16	12-15	11-18
Ant.IV	Moy	7,33±1,04	6,65±1,2	7,12±1,3	11,45±0,54
	Min-Max	5-9	4-9	3-8	11-14
Ant.V	Moy	7,33±1,63	8,32±1,46	6,34±0,67	8,74±1,34
	Min-Max	5-9	7-9	5-8	6-8
Ant.VI	Moy	3,5±1,04	4,7±1,33	3,25±0,66	3,83±1,4
	Min-Max	2-5	3-7	2-5	2-6
Cauda	Moy	13,8±2,19	9,46±1,4	11,4±0,75	8,4±2,6

	Min-Max	6-12	7-14	5-16	3-12
Nombre de sensoria					
Ant.III	Moy	12,37±1,06	12,75±1,03	11,66±1,8	12,26±1,2
	Min-Max	11-14	11-14	10-14	11-14
Ant .IV	Moy	3,5±0,75	3,68±1,2	4,12±0,4	4,34±0,4
	Min-Max	2-4	1-4	3-5	3-5
Rapport (fois)					
Ant./Corps		0,42	0,38	0,38	0,35
Base/ Fo		2,16	1,54	2,07	1,652
Corn/corps		0,034	0,032	0,034	0,029
corn/cauda		0,79	0,74	0,84	0,71
corn/Fémur		0,079	0,075	0,078	0,074
Cauda/corps		0,034	0,043	0,042	0,041
Sens. Ant.III/ Ant.IV		3,53	3,46	2,83	2,82

Ant. I: 1er article de l'antenne, Ant.II: 2ème article, Ant.III: 3ème article, Ant.IV : 4ème article
Ant.V : 5ème article, Ant.VI : 6ème article, Sen. Ant.III : sensoria du 3ème article, Sen Ant. IV: Sensoria
du 4ème article, Moy : Moyenne, Min : Minimum, Max : Maximum, Tun : Tunisie, Iran1 : Taftan, Iran
2 : Karadj, Esp 1 : Valencia

More Books!

Oui, je veux morebooks!

I want morebooks!

Buy your books fast and straightforward online - at one of the world's fastest growing online book stores! Environmentally sound due to Print-on-Demand technologies.

Buy your books online at

www.get-morebooks.com

Achetez vos livres en ligne, vite et bien, sur l'une des librairies en ligne les plus performantes au monde!
En protégeant nos ressources et notre environnement grâce à l'impression à la demande.

La librairie en ligne pour acheter plus vite

www.morebooks.fr

SIA OmniScriptum Publishing
Brivibas gatve 1 97
LV-103 9 Riga, Latvia
Telefax: +371 68620455

info@omniscriptum.com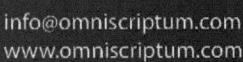
www.omniscriptum.com

OMNIScriptum

MIX
Papier aus verantwortungsvollen Quellen
Paper from responsible sources
FSC® C105338

FSC
www.fsc.org

Printed by Books on Demand GmbH, Norderstedt / Germany